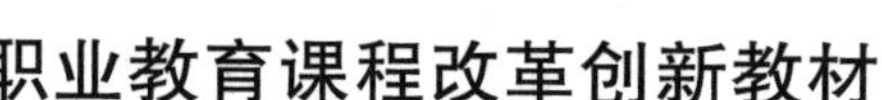

职业教育课程改革创新教材

单片机技术及应用(C语言版)

周永东　主　编

周仕林　尹东燕　副主编

艾芹芹　于　波　王　婷　黄举鹏　参　编

電子工業出版社

Publishing House of Electronics Industry

北京·BEIJING

内 容 简 介

本书是为职业技术学校（院）电子信息技术、电子技术应用、机电等相关专业开设的“单片机技术及应用”课程编写的教材，以亚龙科技集团的产品“YL-236型单片机控制功能实训考核装置”作为实训平台，按照项目式教学法组织教学内容。全书共6个单元，主要介绍了单片机基础知识、单片机系统的显示界面、单片机系统的键盘、单片机系统的模拟量处理、单片机系统的电气控制和综合实训。在编写中，注意理论实践一体化，强调以学生为主体的技能训练，每单元后都有习题与实训，有利于学生巩固和加深相关技能。

本书提供电子教学资源，有课件、书中项目源代码、课后习题答案以及源代码，可供老师教学、学生学习参考；本书也可供有关工程技术人员参考。

未经许可，不得以任何方式复制或抄袭本书之部分或全部内容。
版权所有，侵权必究。

图书在版编目（CIP）数据

单片机技术及应用：C语言版/周永东主编. —北京：电子工业出版社，2012.2
职业教育课程改革创新规划教材
ISBN 978-7-121-15449-2

Ⅰ. ①单… Ⅱ. ①周… Ⅲ. ①单片微型计算机-C语言-程序设计-中等专业学校-教材
Ⅳ. ①TP368.1 ②TP312

中国版本图书馆CIP数据核字（2011）第255173号

策划编辑：张　帆
责任编辑：白　楠
印　　刷：三河市鑫金马印装有限公司
装　　订：三河市鑫金马印装有限公司
出版发行：电子工业出版社
　　　　　北京市海淀区万寿路173信箱　邮编 100036
开　　本：787×1092　1/16　印张：11.75　字数：300.8千字
版　　次：2012年2月第1版
印　　次：2024年7月第26次印刷
定　　价：28.50元

凡所购买电子工业出版社的图书，如有缺损问题，请向购买书店调换。若书店售缺，请与本社发行部联系，联系及邮购电话：（010）88254888，88258888。

质量投诉请发邮件至 zlts@phei.com.cn，盗版侵权举报请发邮件至 dbqq@phei.com.cn。

本书咨询联系方式：（010）88254592，bain@phei.com.cn。

前言

本书是为职业技术学校（院）编写的一本单片机教材，它的主要理念来自全国职业院校技能大赛“单片机控制装置安装与调试”项目的训练过程：通过项目式教学法，让学生进行大量的工程实践，“做中学、学中做”，积累专业经验，培养独立完成工作任务的能力。学生掌握单片机实用技术后，在社会上会较快找到合适的工作岗位，上岗后能尽快为企业、社会创造财富。

学生的熟练专业技能是在专业实训设备上长期训练的结果。本教材的实训项目中选用亚龙科技集团的产品“YL－236 型单片机控制功能实训考核装置”作为实训平台，它是全国职业院校技能大赛指定型号，已在国内逐渐推广，成为职业学校（院）的主流单片机实训设备，因此在此平台上开展单片机教学，有助于互相交流，提高职业学校（院）单片机课程的整体教学水平。

目前企业已普遍使用 C 语言编写单片机程序，因此本教材不讲授汇编语言。考虑到职业技术学校（院）学生的情况，本教材中尽量使用 C 语言的基本知识，不过多运用较复杂的 C 语言技巧。本教材中提供的 C51 函数均经过调试，可以直接在工程中使用。

本教材第一单元主要介绍 AT89S52 的硬件资源，实际授课时可先做简要介绍，到后面各单元涉及到相关硬件知识时再详细介绍；第二单元的各程序清单后，安排有相关的 C 语言知识链接，老师授课时可以先讲解知识链接，再讲解程序清单。总之，授课次序可以灵活安排。

本书由武汉市仪表电子学校周永东主编，周永东编写了第三单元项目 2、3，第六单元，并负责全书统稿；周仕林编写了第二单元项目 3，第三单元项目 4，第四单元；于波编写了全书的 C 语言知识链接；艾芹芹编写了第二单元项目 1、2，第五单元；王婷编写了第一单元；朝阳工程技术学校尹东燕编写了第三单元项目 1；亚龙科技集团有限公司的黄举鹏编写了第二单元项目 4。

由于编写时间仓促，编者水平有限，本书中难免存在各种差错，敬请读者批评指正！

为了方便教师教学，本书还配有电子教学参考资料包，请有此需要的教师登录华信教育资源网（http://www.hxedu.com.cn）免费注册后再进行下载，遇到问题时请在网站留言或与电子工业出版社联系（E-mail:hxedu@phei.com.cn）。

编　者

2011 年 11 月

目　录

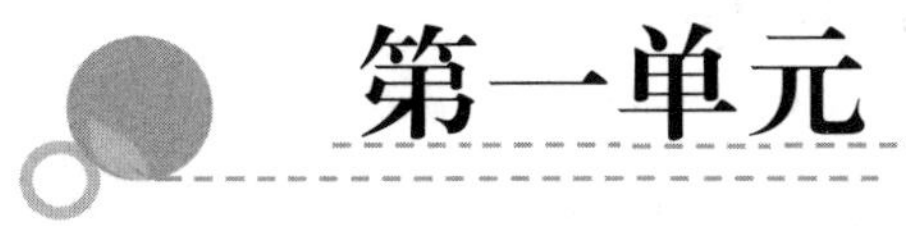

第一单元

单片机基础知识

综合教学目标

了解单片机的相关常识，掌握 AT89S52 单片机的构造与原理。

主要内容

计算机的基础知识，单片机的发展历史、类型以及应用，以及 AT89S52 单片机的 CPU、存储器、引脚功能及标识。

岗位技能综合职业素质要求：学会识别 AT89S52 单片机的标识。

随着电子技术的发展，生产生活中的设备、仪器、电器等的智能化水平越来越高，如微电脑洗衣机、智能冰箱、遥控电视、公交车刷卡器、公交车报站器等，这些设备都内嵌了极小型化的计算机——单片机。

单片机是单片微型计算机的简称，它将构成计算机的基本部件集成到一块芯片上，组成一个小巧却完善的计算机系统。因此学习单片机除了要掌握它的硬件电路原理，还要学习计算机程序设计。

本教材讲解的 AT89S52 单片机是美国 ATMEL 公司生产的低功耗、高性能 CMOS 8 位单片机，它采用 ATMEL 公司的高密度、非易失性存储技术生产，兼容标准 8051 指令系统及引脚，其照片如图 1-1 所示。

图 1-1　AT89S52 单片机

1.1 初步了解单片机

一、计算机的常用术语

1. 位（bit）

位是计算机数据存储的最基本、最小的数据单位。计算机采用二进制，因此位就是 1 个二进制位，若干二进制位的组合就可以表示各种数据、字符等。

2. 字（word）和字长

字是计算机内部进行数据处理的基本单位。通常它与计算机内部寄存器、算术逻辑单元、数据总线的长度一致。一个字所包含的二进制位数称为字长。

3. 字节（byte）

相邻的 8 位二进制数构成 1 个字节，可以用字节作为计算机字长的单位。8 位计算机的字长等于 1 个字节，16 位计算机的字长等于 2 个字节，32 位计算机的字长等于 4 个字节。习惯上把 1 个字节定为 8 位，把 1 个字定为 16 位，把 1 个双字定为 32 位。

字节也是计算机数据存储的单位。1KB = 1024B（B 表示字节 byte），1MB = 1024KB，1GB = 1024MB。

4. 指令

指令是规定计算机进行某种操作的命令，由一串二进制数码组成，是计算机自动控制的依据。

5. 程序

程序是指令的有序组合，是为实现特定目标或解决特定问题而用计算机语言编写的命令序列。

6. 机器语言

用二进制（或十六进制）数表示的指令和数据总和称为机器语言，是计算机能直接识别和执行的。

7. 汇编语言

用助记符号表达的指令称为汇编语言，是机器语言的符号表示。

8. 高级语言

高级语言是采用接近人类自然语言的习惯表达的程序设计语言，例如 BASIC、C 语言。现在一般使用 C51 语言设计 51 单片机程序。

二、计算机的数制

计算机由触发器、计数器、加法器、逻辑门等基本的数字电路构成。数字电路具有两种不同的稳定状态且能相互转换，用“0”和“1”表示最为方便，因此计算机处理一切信息（包括数据、指令、字符、颜色、语音、图像等）均用二进制数表示。但是二进制数书写起来太长，且不便于阅读和记忆，所以一般都将二进制数转换成十六进制数来呈现。另外，人们最常用的是十进制数，因此我们将对这三种数制及其之间的转换进行介绍。

1. 数制介绍

(1) 十进制 (Decimal)

数码：0，1，2，3，4，5，6，7，8，9

① 十进制有 0 ~9 十个不同的数码。

② 十进制数逢十进一，即当低位满十则向相邻高位进一。

(2) 二进制 (Binary)

数码：0，1

① 二进制有 0，1 两个不同的数码。

② 二进制数逢二进一。

(3) 十六进制 (Hexadecimal)

数码：0，1，2，3，4，5，6，7，8，9，A，B，C，D，E，F

① 十六进制有 0 ~ F 十六个不同的数码。

② 十六进制数逢十六进一。

为方便起见，现将部分十进制、二进制、十六进制数的对照表列于表 1-1 中。

表 1-1　部分十进制、二进制、十六进制数的对照表

十进制	二进制	十六进制	十进制	二进制	十六进制
0	0000	0	8	1000	8
1	0001	1	9	1001	9
2	0010	2	10	1010	A
3	0011	3	11	1011	B
4	0100	4	12	1100	C
5	0101	5	13	1101	D
6	0110	6	14	1110	E
7	0111	7	15	1111	F

2. 数制的书写

为区别不同数制，要求在书写时要注意规范，数制书写一般有以下方法。

(1) 可以给数加括号，并在括号右下角标注数制代号，例如：

十进制数，$(32)_{10}$，$(1000)_{10}$

二进制数，$(1001)_{2}$，$(0100)_{2}$

十六进制数，$(123)_{16}$，$(A1EF)_{16}$

(2) 汇编语言中，可以在数后面用英文字母标记。

十进制数以字母 D 结尾，例如：32D，1000D。

二进制数以字母 B 结尾，例如：1001B，0100B。

十六进制数以字母 H 结尾，例如：123H，A1EFH。

(3) C51 语言中，可以在数前面标记。

十六进制数以 0x 开头，例如：0x64，0xfffe 等。

3. 不同数制之间的转换

(1) 二进制数与十进制数相互转换

① 二进制数转换成十进制数，将二进制数按权展开后相加，例如：

$$11010B = 1\times2^4 + 1\times2^3 + 0\times2^2 + 1\times2^1 + 0\times2^0 = 26D$$

② 十进制数转换成二进制数，采用“除 2 取余法”。即用 2 连续去除十进制数，直到商为 0 为止，然后把各次余数按最后得到的为最高位、最早得到的为最低位（从下至上），依次排列起来，所得到的数便是所求的二进制数。

例：试求出十进制数 125 的二进制数。

把 125 连续除以 2，直到商为 0，相应竖式如下：

除数	被除数	余数
2	125	…余1
2	62	…余0
2	31	…余1
2	15	…余1
2	7	…余1
2	3	…余1
2	1	…余1
	0	

按照逆序将各余数记下，得到转换后的二进制数为：1111101B。

（2）十六进制数与十进制数相互转换

① 十六进制数转换成十进制数，采用将十六进制数按权展开后相加的方法，例如：

$$64H = 6\times16^1 + 4\times16^0 = 100D$$

② 十进制数转换成十六进制数，采用“除 16 取余法”，即用 16 连续去除要转换的十进制数，直到商为 0 为止，然后把各次余数按得到顺序的逆序依次排列起来，所得的数便是所求的十六进制数。

（3）二进制数与十六进制数相互转换

① 二进制数转换成十六进制数，采用“4 位合 1 位”的方法，即从二进制数最低位开始，每 4 位一组，不足 4 位以 0 补足，然后分别把每组用十六进制数表示，并按序相连。

例：把二进制数 1101111100110B 转换成十六进制数，则有

0001　1011　1110　0110

1　B　E　6

所以，1101111100110B = 1BE6H

② 十六进制数转换成二进制数，采用“1 位分 4 位”的方法，即把十六进制数的每一位分别用 4 位二进制数表示，然后将其按序连成一体。

例：把十六进制数 2AE5H 转换成二进制数，则有

2　A　E　5

0010　1010　1110　0101

所以，2AE5H = 0010101011100101B

三、单片机的概念

单片机，全称为单片微型计算机，就是在一块芯片上集成了微处理器（CPU）、程序存储器（ROM）、数据存储器（RAM）、定时/计数器以及多种 I/O 接口电路的具有一定规模的微型计算机，因最早被应用在工业控制领域，所以又被称为微控制器。

四、单片机的发展历史

单片机诞生于 20 世纪 70 年代末，经历了 SCM、MCU、SOC 三大发展阶段。

（1）SCM 即单片微型计算机（Single Chip Microcomputer）阶段，主要寻求单片形态嵌入式系统的最佳体系结构。因受集成度和工艺的限制，常采用双片形式的单片机。例如：仙童公司的 F8 须外接一块 3851 电路才能构成一个完整的计算机。

（2）MCU 即微控制器（Micro Controller Unit）阶段，主要致力于不断扩展满足嵌入式应用的对象系统要求而采用的各种外围电路与接口电路，突显其对象的智能化控制能力。它所涉及的领域都与对象系统相关，因此，发展 MCU 的重任不可避免地落在电气、电子技术厂家。在发展 MCU 方面，最著名的当数 Philips 公司。Philips 公司以其在嵌入式应用方面的巨大优势，将 80C51 从单片微型计算机迅速发展到微控制器。

（3）SOC 即专用化片上系统（System On Chip）阶段，是指将微处理器、模拟 IP 核、数字 IP 核和存储器（或片外存储控制接口）集成在单一芯片上，它通常是客户定制的，或是面向特定用途的标准产品。单片机是嵌入式系统的独立发展之路，向 MCU 阶段发展的重要因素，就是寻求应用系统在芯片上的最大化解决。因此，标准化专用单片机的发展自然形成了 SOC 化趋势。随着微电子技术、IC 设计、EDA 工具的发展，基于 SOC 的单片机应用系统设计会有较大的发展。

五、单片机的分类

单片机按用途可分为两类：专用型单片机和通用型单片机。

专用型单片机用途专一，内部程序在出厂时已经固化，不能被再次修改，例如电子表里的单片机，其生产成本很低。

通用型单片机的用途广泛，程序可以不断修改，用户可以根据需要给此类单片机植入不同的程序，配合不同接口的输入和输出来完成所需功能。小到家用电器、仪器仪表，大到机器设备和整套生产线都可用通用型单片机来实现自动化控制。通用型单片机按位数分为 4 位机、8 位机、16 位机和 32 位机等。

单片机还可按生产厂家分类，我国目前最常用的单片机有如下几家：

- Intel——MCS51 系列、MCS96 系列；
- Atmel——AT89 系列、MCS51 内核；
- Microchip——PIC 系列；
- Motorola——68HCXX 系列；
- Zilog——Z86 系列；
- Philips——87、80 系列，MCS51 内核；
- Siemens——SAB80 系列，MCS51 内核；
- NEC——78 系列。

六、单片机的应用范围

在信息化高速发展的时代，单片机以其体积小、功耗低、控制功能强等优势迅速渗透到我们生活的各个领域。单片机广泛应用于仪器仪表、家用电器、医用设备、航空航天、专用设备的智能化管理及过程控制等领域，大致可分为如下几个范畴。

1. 在智能仪器仪表上的应用

结合不同类型的传感器，单片机可实现诸如电压、湿度、流量、温度、压力等物理量的测量。采用单片机控制使仪器仪表更加数字化、智能化、微型化，且功能更加强大。例如精密的测量设备，功率计、温湿度计、各种分析仪。

2. 在工业控制中的应用

用单片机可以构成形式多样的控制系统、数据采集系统。例如工厂流水线的智能化管理，电梯智能化控制，各种报警系统，与计算机联网构成二级控制系统。

3. 在医疗设备领域中的应用

医疗行业的智能化系统都用到了单片机。例如医用呼吸机，各种分析仪，监护仪，超声诊断设备及病床呼叫系统等。

4. 在汽车设备领域中的应用

单片机的使用使得汽车智能电子控制系统越来越发达，汽车也变得越来越聪明。驾驶汽车时，行车电脑能够自动处理大量的信息，比如当车辆转弯时，助力转向会助你一臂之力；当急刹车时，ABS 会自动启动，防止侧滑。

5. 在计算机及网络和通信领域中的应用

现代的单片机普遍具备通信接口，可以很方便地与计算机进行数据通信，为计算机网络和通信设备间的应用提供了极好的物质条件。现在的通信设备基本上都实现了单片机智能控制，例如手机、电话机、小型程控交换机、楼宇自动通信呼叫系统、列车无线通信、集群移动通信、无线电对讲机等。

6. 在家用电器中的应用

现在，很多家用电器中都采用了单片机控制，例如电饭煲、洗衣机、电冰箱、空调机、彩电，音视频器材、电子秤量设备等，五花八门，无处不在。

此外，单片机在工商、金融、科研、教育、国防、航空航天等领域都有着十分广泛的用途。

1.2　AT89S52 单片机的硬件资源

一、AT89S52 单片机的基本组成

AT89S52 单片机内部结构框图如图 1-2 所示。

AT89S52 单片机内部包括：

- 一个 8 位微处理器（CPU），是单片机的运算和指挥中心。
- 片内 8K 字节程序存储器（ROM），用于存放程序、原始数据及表格。
- 片内 256 字节数据存储器（RAM），用于存放临时数据，例如运算的中间结果。
- 4 组 8 位并行输入/输出端口（I/O 端口）P0 ~ P3，每组端口均有 8 条 I/O 线，用于与外部交换信息。
- 3 个 16 位的定时器/计数器，均可以根据需要设为定时器或计数器使用。

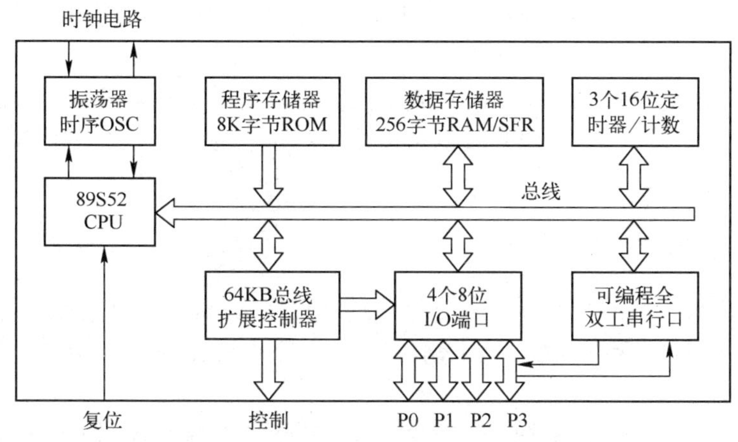

图 1-2　AT89S52 单片机的内部结构框图

- 1 个 6 向量 2 级中断结构，有 6 个中断源和 2 个中断优先级，中断源分别是两个外部中断（INT0 和 INT1）、三个定时中断（定时器 0、1、2）和一个串行中断。
- 1 个全双工 UART（通用异步接收发送器）的串行 I/O 口，用于实现单片机之间或单片机与计算机之间的串行通信。
- 片内晶振及时钟电路，AT89S52 单片机有一个用于构成内部振荡器的反相放大器，外接石英晶体或陶瓷谐振器都可构成自激振荡器；也可从外部时钟源输入时钟信号，最高允许振荡频率为 24MHz。

二、AT89S52 单片机的中央处理器（CPU）

中央处理器（CPU）也称微处理器，是单片机的核心部件，即单片机的控制和指挥中心。它主要包含运算器和控制器。

1. 运算器

运算器可以对数据进行算术运算、逻辑运算和位操作运算。运算器包括算术逻辑运算单元 ALU、累加器 A、通用寄存器 B、暂存器、程序状态字寄存器 PSW 等。

- 算术逻辑运算单元 ALU：可进行 4 位（半字节）、8 位（全字节）、16 位（双字节）数据的加、减、乘、除、加 1、减 1 等算术运算，逻辑与、或、异或、求补等逻辑运算，以及数据的位操作。
- 累加器 A（Accumulator）：8 位寄存器。通常，存储的一个运算数经暂存器 2 进入 ALU 的输入端，与另一个来自暂存器 1 的运算数进行运算，运算结果又送回累加器 A，即运算前放操作数，运算后放操作结果，是单片机中最忙碌的一个寄存器。
- 通用寄存器 B（General Purpose Register）：8 位寄存器。在乘、除运算之前存放乘数或除数，运算之后存放乘积的高 8 位或除法的余数，也可作为一般存储器使用。
- 程序状态字寄存器 PSW（Program Status Word）：8 位标志寄存器。用于存放指令执行后的状态信息，供程序查询和判别使用。

2. 控制器

控制器由程序计数器 PC、指令寄存器 IR、指令译码器 ID、振荡器及定时电路等组成。

- 程序计数器 PC（Program Counter）：16 位寄存器，用于存放将要执行的下一条指令的地址，能自动加 1。
- 振荡器及定时电路：AT89S52 单片机片内有振荡电路，只需外接石英晶体和频率微调电容就可产生脉冲信号。CPU 在这种基本节拍的控制下发出控制信号，协调各部件的工作。

三、AT89S52 单片机的存储器

AT89S52 单片机内部的存储器一般分为两种：程序存储器 ROM 和数据存储器 RAM。

程序存储器 ROM 用于存放程序、原始数据或表格，可在线编写程序，掉电后数据保持不变。

数据存储器 RAM 用于存放运算的中间结果、最终结果或欲显示的数据等，其数据可随时改写，掉电后数据消失。

AT89S52 单片机存储器空间配置如图 1-3 所示。

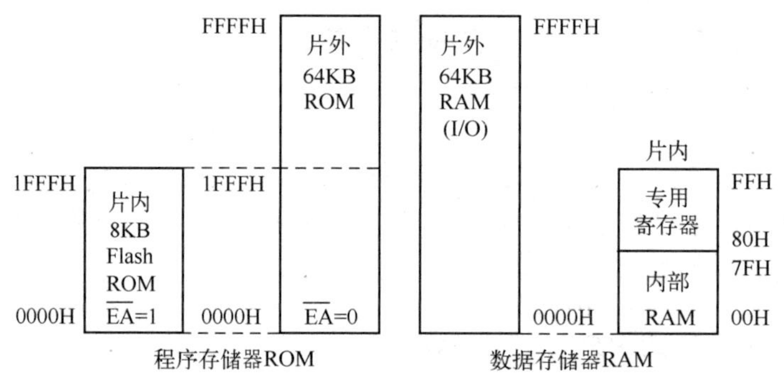

图 1-3　AT89S52 单片机存储器空间配置

1. 程序存储器

AT89S52 单片机片内程序存储器 ROM 有 8K 字节，其地址为 0000H ~ 1FFFH；片外可接扩展程序存储器 ROM，最大达 64K 字节，地址为 0000H ~ FFFFH，片内外统一编址。CPU 访问片内、片外程序存储器 ROM 时用 MOVC 指令。

当$\overline{EA}$引脚（31 脚）接低电平（接地）（$\overline{EA}$ = 0）时，AT89S52 单片机片内 ROM 不起作用，CPU 只能从片外 ROM（0000H ~ FFFFH）中取指令。

当$\overline{EA}$引脚接高电平（$\overline{EA}$ = 1）时，AT89S52 单片机的程序计数器 PC 只在 0000H ~ 1FFFH 范围内执行片内 ROM 中的指令。只有当 PC 的值超过 1FFFH 后，CPU 才自动转到片外 ROM 相应的地址（2000H ~ FFFFH）取指令。

系统在程序存储器低端的一些固定存储单元是特定程序的入口地址。

- 0000H：单片机上电复位后主程序的入口地址；
- 0003H：外部中断 0 的中断服务程序入口地址；
- 000BH：定时器 0 的中断服务程序入口地址；
- 0013H：外部中断 1 的中断服务程序入口地址；
- 001BH：定时器 1 的中断服务程序入口地址；

- 0023H：串行通信的中断服务程序入口地址；
- 002BH：定时器 2 的中断服务程序入口地址。

当单片机上电复位后，程序计数器 PC 中的内容清零（PC = 0000H），所以 CPU 总是从 0000H 单元开始执行程序。通常在该单元中存放一条绝对转移指令（例如 LJMP 0030H），指明用户程序所在的单元地址（0030H），则 CPU 会跳转到该地址执行主程序。

除 0000H 单元外，其他的六个特殊单元分别存放着单片机六种中断源的中断服务程序入口地址。编程时，通常在这些单元中存放一条绝对转移指令，而真正的中断服务程序是从转移地址开始存放的。当发生中断时，CPU 会根据指令指示的地址在程序存储器相应的区域找到中断服务程序并执行。

例如在允许中断的情况下，当外部中断引脚$\overline{\text{INT0}}$（P3.2，12 脚）有效（$\overline{\text{INT0}}=0$）时，即引起中断 0 请求，CPU 响应中断后自动将地址 0003H 装入 PC，程序就自动转向 0003H 单元开始执行。如果事先在 0003H ~ 000AH 存放一条转移指令，程序就被引导到指定的中断服务程序空间去执行。

2. 数据存储器

AT89S52 单片机片内数据存储器 RAM 有 256 字节，其地址为 00H ~ FFH；片外可接扩展数据存储器 RAM，最大达 64K 字节，地址为 0000H ~ FFFFH。访问片内 RAM 时用 MOV 指令，访问片外 RAM 时用 MOVX 指令。

在 AT89S52 单片机中，片内数据存储器 RAM 的容量不大，但功能较多，使用较灵活。其中低地址的 128B 可直接寻址访问，也可间接寻址访问，高地址的 128B 只能间接寻址访问。它分为工作寄存器区、位寻址区和通用 RAM 区三部分，如图 1-4 所示。

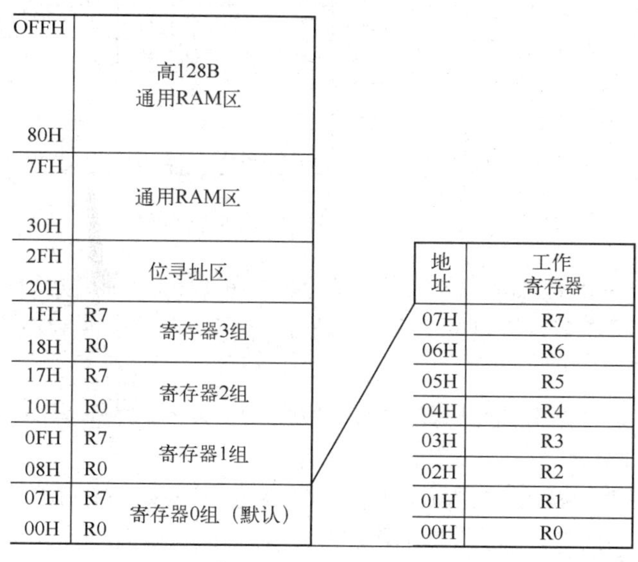

图 1-4　AT89S52 单片机数据存储器结构

（1）工作寄存器区

AT89S52 单片机在片内 RAM 中划分出低地址的 32 个字节单元（00H ~ 1FH）作为工作寄存器区，供用户使用。工作寄存器区分为 4 个工作寄存器组。每组有 8 个寄存器，分别称为 R7～R0，占 8 个字节。

在单片机工作时，只有一组寄存器作为当前工作寄存器组 R7～R0 使用。当单片机复位后，系统默认工作寄存器 0 组为当前工作寄存器组。

（2）位寻址区

在工作寄存器区后的 20H～2FH 共 16 个字节为位寻址区，共有 128 位（8×16＝128）。每一位都有相应的位地址 00H～7FH。利用位寻址可以对某一位进行单独操作，而无须将一个字节的 8 位全部重新操作一遍。

AT89S52 单片机数据存储器位寻址区如图 1-5 所示。

0FFH～80H	高128B通用RAM区
7FH～30H	通用RAM区
2FH～20H	位寻址区
1FH	寄存器3组
	寄存器2组
	寄存器1组
00H	寄存器0组（默认）

地址	位地址							
	D7	D6	D5	D4	D3	D2	D1	D0
2FH	7F	7E	7D	7C	7B	7A	79	78
2EH	77	76	75	74	73	72	71	70
2DH	6F	6E	6D	6C	6B	6A	69	68
2CH	67	66	65	64	63	62	61	60
2BH	5F	5E	5D	5C	5B	5A	59	58
2AH	57	56	55	54	53	52	51	50
29H	4F	4E	4D	4C	4B	4A	49	48
28H	47	46	45	44	43	42	41	40
27H	3F	3E	3D	3C	3B	3A	39	38
26H	37	36	35	34	33	32	31	30
25H	2F	2E	2D	2C	2B	2A	29	28
24H	27	26	25	24	23	22	21	20
23H	1F	1E	1D	1C	1B	1A	19	18
22H	17	16	15	14	13	12	11	10
21H	0F	0E	0D	0C	0B	0A	09	08
20H	07	06	05	04	03	02	01	00

图 1-5　AT89S52 单片机数据存储器位寻址区

例如，要将 20H 存储单元的第 7 位 D7 置“1”，可以用一条语句直接实现，使用非常灵活。单片机的位寻址功能是一般计算机所没有的，这也是单片机重要的特点之一。

（3）通用 RAM 区

AT98S52 单片机片内通用 RAM 区地址为 30H～FFH，这里通常设为堆栈区，栈顶的位置由堆栈寄存器 SP 指定。

系统复位时，SP 的初始值为 07H。注意，此时 SP 的初始值在工作寄存器区内，为防止堆栈区的数据将寄存器区数据覆盖，一般要将 SP 的值重新设置到通用 RAM 区。

3. 特殊功能寄存器 SFR

在 AT89S52 单片机片内 80H～0FFH 的 128 个地址中，离散分布了一些特殊功能寄存器 SFR，它们与片内 RAM 高 128B 数据存储器地址相同，但访问方式不同，特殊功能寄存器只能直接寻址访问，而片内 RAM 高 128B 只能间接寻址访问，所以不会混淆。

部分特殊功能寄存器的地址和名称如图 1-6 所示。其中有 12 个具有位寻址能力，它们

的字节地址正好能被 8 整除（即 16 进制的地址码尾数是 0 或 8），在图 1-6 中标星号的寄存器即可位寻址。

地址	SFR	位地址							
		D7	D6	D5	D4	D3	D2	D1	D0
FOH	B*	F7	F6	F5	F4	F3	F2	F1	F0
EOH	ACC*	E7	E6	E5	E4	E3	E2	E1	E0
DOH	PSW*	D7	D6	D5	D4	D3	D2	—	D0
COH	TH2	不可位寻址							
CCH	TL2	不可位寻址							
CBH	RCAP2H								
CAH	RCAP2L								
C9H	T2MOD	不可位寻址							
C8H	T2CON*								
B8H	IP*	—	—	—	BC	BB	BA	B9	B8
BOH	P3*	B7	B6	B5	B4	B3	B2	B1	B0
A8H	IE*	AF	—	—	AC	AB	AA	A9	A8
AOH	P2*	A7	A6	A5	A4	A3A	A2	A1	A0
99H	SBUF	不可位寻址							
98H	SCON*	9F	9E	9D	9C	9B	9A	99	98
90H	P1*	97	96	95	94	93	92	91	90
8DH	TH1	不可位寻址							
8CH	TH0	不可位寻址							
8BH	TL1	不可位寻址							
8AH	TL0	不可位寻址							
89H	TMOD	不可位寻址							
88H	TCON*	8F	8E	8D	8C	8B	8A	89	88
87H	PCON	不可位寻址							
83H	DPH	不可位寻址							
82H	DPL	不可位寻址							
81H	SP	不可位寻址							
80H	P0*	87	86	85	84	83	82	81	80

图 1-6　AT89S52 单片机数据存储器特殊功能寄存器区

特殊功能寄存器 SFR 的内容与单片机的硬件相关，它起着管理单片机的作用。下面先简要介绍与 CPU 相关的部分，其他部分将在相应章节中介绍。

① 累加器 ACC（E0H）。

累加器 ACC 是 AT89S52 最常用、最忙碌的 8 位特殊功能寄存器，许多指令的操作数取自于 ACC，许多运算中间结果也存放于 ACC。在指令系统中，用 A 作为累加器 ACC 的助记符。

② 寄存器 B（F0H）。

在乘、除指令中，用到了 8 位寄存器 B。乘法指令的两个操作数分别取自 A 和 B，乘积存于 B 和 A 两个 8 位寄存器中。除法指令中，A 中存放被除数，B 中存放除数，商存放于 A，余数存放于 B。

在其他指令中，B 可作为一般通用寄存器使用。

③ 程序状态寄存器 PSW（D0H）。

程序状态寄存器 PSW 是一个 8 位特殊功能寄存器，它的各位包含了程序执行后的各种状态信息，供程序查询或判别之用。其各位的含义见表 1-2。

表 1-2　程序状态寄存器 PSW 功能表

地址	D0H							
寄存器名称	程序状态寄存器 PSW							
位地址	D7	D6	D5	D4	D3	D2	D1	D0
位名称	CY	AC	F0	RS1	RS0	OV	F1	P
位意义	进/借	辅进	用户标志	寄存器组选择	溢出	用户标志	奇/偶	

- CY（PSW.7）：进/借位标志位。在执行加法（或减法）运算指令时，如果运算结果的最高位（D7 位）向前有进位（或借位），则 CY 位由硬件自动置为 1（CY =1）；如果运算结果的最高位无进位（或借位），则 CY 位被清零（CY =0）。
- AC（PSW.6）：辅助进/借位标志位。当执行加法（或减法）操作时，如果运算结果（和或差）的低 4 位（D3 位）向高 4 位（D4 位）有半进位（或借位），则 AC 位将被硬件自动置为 1（AC =1）；否则 AC 位被清零（AC =0）。
- F0（PSW.5）：用户标志位 0。用户可以根据自己的需要对 F0 位赋予一定的含义，由用户置位或复位，以作为软件标志。
- RS1、RS0（PSW.4、PSW.3）：工作寄存器组选择位。在单片机数据存储器中有四组工作寄存器组（寄存器 3 组、寄存器 2 组、寄存器 1 组、寄存器 0 组），每个寄存器组中有 8 个寄存器 R7 ~ R0。程序运行时只能有一组寄存器组工作，到底是哪组寄存器组工作？我们可以通过设置 RS1、RS0 的值来进行选取。其选取组合关系见表 1-3。

表 1-3　工作寄存器组选择表

RS1	RS0	工作寄存器组	片内 RAM 地址
0	0	寄存器 0 组	00H ~ 07H
0	1	寄存器 1 组	08H ~ 0FH
1	0	寄存器 2 组	10H ~ 17H
1	1	寄存器 3 组	18H ~ 1F7H

单片机上电复位时，RS1 = RS0 =0，CPU 自动选择寄存器 0 组为当前工作寄存器组。

- OV（PSW.2）：溢出标志位。当进行算术运算时，如果运算结果超出了 -128 ~ +127 的范围，则有溢出，OV 位由硬件自动置为 1（OV =1）；否则无溢出，OV 位清零（OV =0）。
- F1（PSW.1）：用户标志位 1（仅 AT89S52 有）。作用与用户标志位 0 相同。
- P（PSW.0）：奇偶标志位。每条指令执行完后，该位始终跟踪指示累加器 ACC 中 1 的个数。如果 A 中的 1 为奇数，则 P =1；A 中的 1 为偶数，则 P =0。此位常用于校验串行通信中的数据传送是否出错。

④ 堆栈指针 SP（81H）。

堆栈指针 SP 是一个 8 位特殊功能寄存器，SP 的内容可指向 AT89S52 片内 00H ~ FFH RAM 的任何单元。系统复位后，SP 初始化为 07H，即指向地址为 07H 的 RAM 单元。

⑤ 数据指针 DPTR（83H，82H）。

数据指针 DPTR 是一个 16 位特殊功能寄存器，其高位字节寄存器用 DPH 表示（地址 83H），低位字节寄存器用 DPL 表示（地址 82H）。

数据指针 DPTR 用于存放 16 位地址，以便对 64KB 片外 RAM 作间接寻址。

四、AT89S52 单片机的并行端口

AT89S52 单片机有 4 组 8 位并行准双向 I/O 端口，分别为 P0，P1，P2 和 P3，共占 32 个引脚。每个端口均包含一个端口锁存器（特殊功能寄存器 P0 ~ P3）、一个输出驱动器和输入缓冲器。每个端口可以 8 条线一起用做 I/O 口线传输字节信息，也可以每一根 I/O 口线单独使用。对端口锁存器进行读/写就可以实现端口的输入/输出。

1. P0 口的使用

P0 口可作为通用的 8 位输入/输出端口使用。在单片机外接扩展存储器时，它还可以作为分时复用的低 8 位地址/数据总线使用，此时高 8 位地址总线由 P2 端口担任。P0 口的每一位可驱动 8 个 TTL 负载。

（1）P0 口作为通用输出口，需外接上拉电阻才能输出电平。

（2）P0 口作为通用输入口，分为读锁存器和读引脚两种情况。在读端口引脚数据前，应先向端口锁存器写入 1。

2. P1 口的使用

P1 口常作为通用的输入/输出端口，内部有上拉电阻，不需外接电阻。当从端口引脚读入数据时，应先向端口写 1，再读引脚数据。P1 口每一位可驱动 4 个 TTL 负载。

在 AT89S52 单片机中，P1 端口还用于一些复用功能。其复用功能见表 1-4。

表 1-4　AT89S52 单片机 P1 端口各引脚复用功能表

引脚号	第二功能
P1.0	T2（定时器/计数器 T2 的外部计数输入），时钟输出
P1.1	T2EX（定时器/计数器 T2 的捕捉/重载触发信号和方向控制）
P1.5	MOSI（在系统编程用）
P1.6	MISO（在系统编程用）
P1.7	SCK（在系统编程用）

3. P2 口的使用

P2 口可作为通用的 8 位输入/输出端口使用。在单片机外接扩展存储器时，它还可以作为高 8 位地址总线，与 P0 口的低 8 位地址总线一起形成 16 位 I/O 口地址。P2 口的每一位可驱动 4 个 TTL 负载。

P2 口作为通用 I/O 口使用时，不需外接电阻，读引脚状态前，应先向端口写 1。

4. P3 口的使用

P3 口是单片机中使用最灵活、功能最多的一个并行端口，它具有通用的输入/输出功能，

还具有多种用途的第二功能（见表1-5）。同样，P3口的每一位也可驱动4个TTL负载。

P3口作为输入使用时，同P0～P2口一样，应先由软件向端口写1，再读引脚数据。P3口也无须外接电阻。

表1-5　AT89S52单片机P3端口各引脚复用功能表

引脚号	第二功能
P3.0	RXD（串行输入）
P3.1	TXD（串行输出）
P3.2	$\overline{\text{INT0}}$（外部中断0）
P3.3	$\overline{\text{INT1}}$（外部中断1）
P3.4	T0（定时器0外部输入）
P3.5	T1（定时器1外部输入）
P3.6	$\overline{\text{WR}}$（外部数据存储器写选通）
P3.7	$\overline{\text{RD}}$（外部数据存储器写选通）

五、AT89S52单片机的封装形式与引脚介绍

1. AT89S52单片机的封装形式

AT89S52单片机有PDIP（双列直插式封装）、PLCC（带引线的塑料芯片载体封装）和TQFP（方形扁平封装）三种封装形式（P指塑料），其引脚分布如图1-7～图1-9所示。

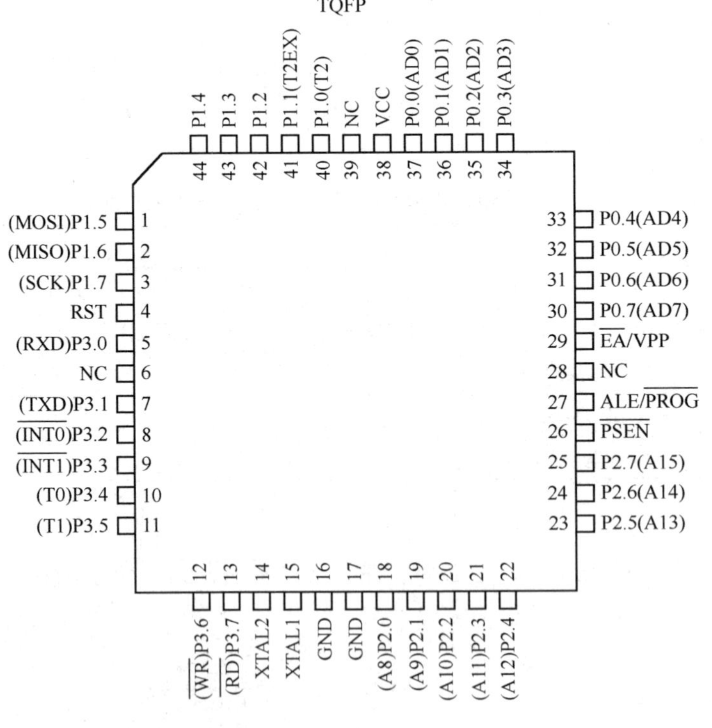

图1-7　TQFP封装

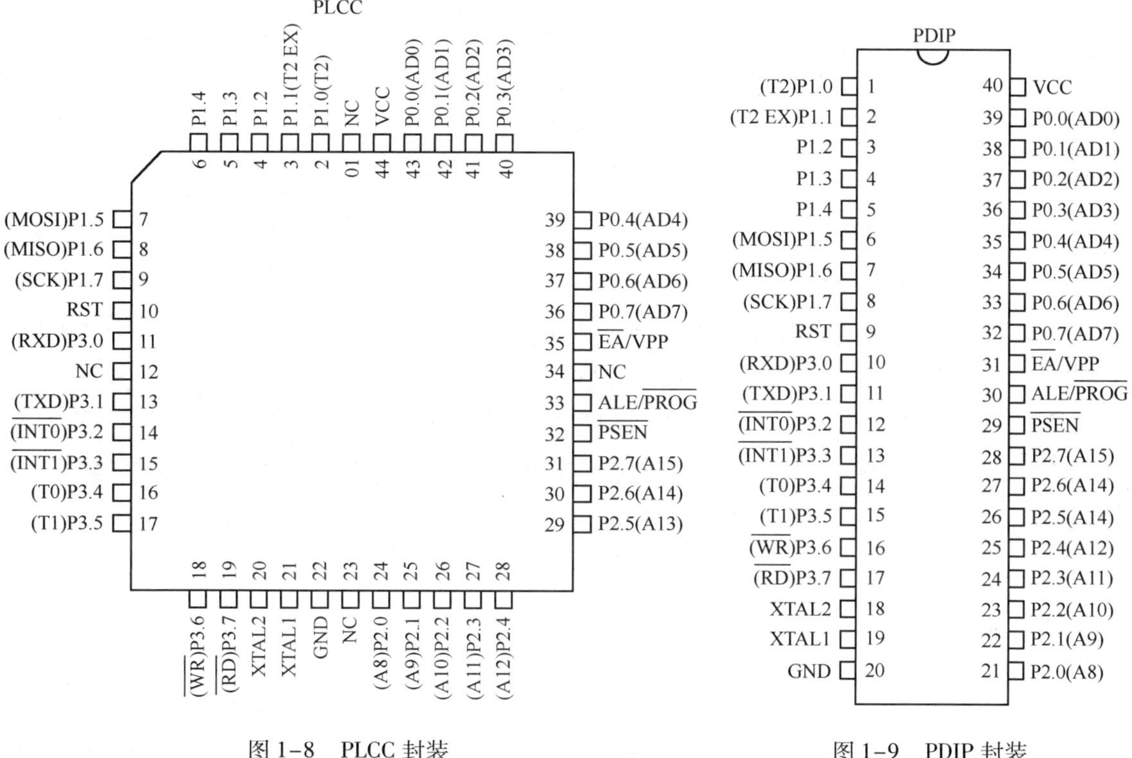

图 1-8　PLCC 封装　　　　图 1-9　PDIP 封装

2. AT89S52 单片机的引脚介绍

① 电源引脚 VCC 和 GND。

- VCC（40 脚）：电源端，接 +5V。
- GND（20 脚）：接地端。

② 外接晶体振荡器引脚 XTAL1 和 XTAL2。

- XTAL1（19 脚）：接外部晶振和微调电容的一端，在片内接振荡电路反相放大器的输入端。当采用外部时钟时，此引脚作为外部时钟信号的输入端。
- XTAL2（18 脚）：接外部晶振和微调电容的另一端，在片内接振荡电路反相放大器的输出端。当采用外部时钟时，此引脚悬空。

③ 控制信号引脚 RST、$\overline{PSEN}$、ALE/$\overline{PROG}$、$\overline{EA}$/VPP。

- RST（9 脚）：复位信号输入端，高电平有效。当此输入端保持 2 个机器周期的高电平时，就可以完成单片机的复位操作。
- $\overline{PSEN}$（29 脚）：外部程序存储器选通信号。当 AT89S52 单片机从外部程序存储器取指令（或常数）时，每个机器周期输出两次$\overline{PSEN}$信号（即 2 个脉冲信号），作为外部程序存储器选通信号。而在访问外部数据存储器时，无$\overline{PSEN}$信号输出。
- ALE/$\overline{PROG}$（30 脚）：地址锁存允许信号输出/编程脉冲输入端。

当 AT89S52 单片机上电正常工作后，ALE 引脚不断向外部输出正脉冲信号，此频率是振荡频率 fOSC 的 1/6。在 CPU 访问外部程序/数据存储器（执行 MOVX 或 MOVC 指令）

时，ALE 输出信号作为锁存低 8 位地址的控制信号。在 CPU 不访问外部程序/数据存储器时，ALE 端仍以振荡频率 1/6 的固定频率输出脉冲，可用来作为外部定时器或时钟使用。有的单片机可以关闭“ALE”输出，用以降低输出干扰。

此引脚的第 2 功能$\overline{\text{PROG}}$是在对片内 8K Flash ROM 进行编程写入（固化程序）时，作为编程脉冲输入端。

- $\overline{\text{EA}}$/VPP（31 脚）：内部与外部程序存储器选择端/片内 Flash ROM 编程电压输入端。

当$\overline{\text{EA}}$引脚接高电平时，CPU 只执行内部程序存储器 Flash ROM 中的指令；但当 PC（程序计数器）的值超过 1FFFH（AT89S52 单片机程序存储器为 8K）时，CPU 将自动转到外部程序存储器相应的地址取指令，并执行该指令。

当$\overline{\text{EA}}$引脚接低电平（接地）时，CPU 只执行外部程序存储器中的指令。

此引脚的第 2 功能 VPP 在对片内程序存储器 Flash ROM 编程期间，接收编程允许电压 VPP 12 V（如果选用 12V 电压编程）。

④ 输入/输出端口 P0、P1、P2 和 P3。

六、AT89S52 单片机的时钟与时序

单片机时序就是 CPU 在执行指令时所需控制信号的时间顺序。在执行指令时，CPU 首先到程序存储器中取出需要执行指令的指令码存入指令寄存器，通过指令译码器对其译码，并由时序部件产生一系列时钟信号去完成指令的执行。这些指令的时钟控制信号在时间上的相互关系就是 CPU 时序。单片机通过时钟电路产生时序。

1. 单片机系统的时钟电路

AT89S52 单片机的时钟信号由两种方式产生：内部振荡方式、外部时钟方式。内部振荡方式电路原理图如图 1-10 所示。

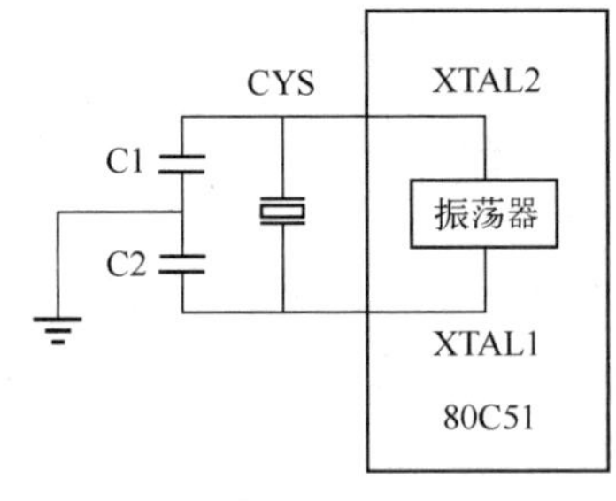

图 1-10　AT89S52 单片机的时钟电路—内部振荡方式

（1）内部振荡方式

AT89S52 单片机芯片内部有一个振荡器，在引脚 XTAL1、XTAL2 外接晶体振荡器（简称晶振），就构成了内部振荡方式。典型振荡频率为 12MHz 和 11.0592MHz。

在图 1-10 中，电容 C1、C2 起稳定振荡器频率、快速起振的作用，电容值一般为 20～40pF。内部振荡方式所得的时钟信号比较稳定，因此使用得较多。

（2）外部时钟方式

这种方式下，外部时钟信号由 XTAL1 引脚接入单片机（XTAL2 悬空），此时单片机将按照外部时钟信号工作。

2. 单片机的时钟信号

为了对 CPU 时序进行分析，需要为其定义一种能够度量各种时序信号出现时间的尺度。这个尺度通常为振荡周期、机器周期和指令周期。

（1）振荡周期

振荡周期 T 又称为时钟周期，由单片机片内振荡电路的晶振产生，常定义为时钟脉冲频率 f 的倒数，是时序中最小的时间单位。如果接入的晶振是 12MHz，则振荡周期为

1/12MHz，即0.083μs。时钟脉冲是计算机的基本工作脉冲，它控制着计算机的工作节奏。

(2) 机器周期

机器周期定义为实现特定功能所需的时间，通常由若干个振荡周期 T 构成。AT89S52 单片机的机器周期常定义为 12 个振荡周期。它是计算机执行一种基本操作的时间单位。若晶振是 12MHz，则机器周期为 12/12MHz，即 1μs。

(3) 指令周期

指令周期是时序中最大的时间单位，定义为执行一条指令所需的时间。1 个指令周期由 1～4 个机器周期组成。通常将包含一个机器周期的指令称为单周期指令，包含两个机器周期的指令称为双周期指令。

七、AT89S52 单片机的复位

单片机的复位操作完成单片机片内电路的初始化，使单片机从一种确定的状态开始运行。当复位信号（高电平）加到单片机 RST 引脚并维持 2 个机器周期时，CPU 就可以响应并将系统复位。如果 RST 持续为高电平，单片机就处于循环复位状态，而无法执行程序。因此要求单片机复位后能脱离复位状态。

实际应用中，复位操作有两种方式：上电复位，开关复位（图 1-11）。

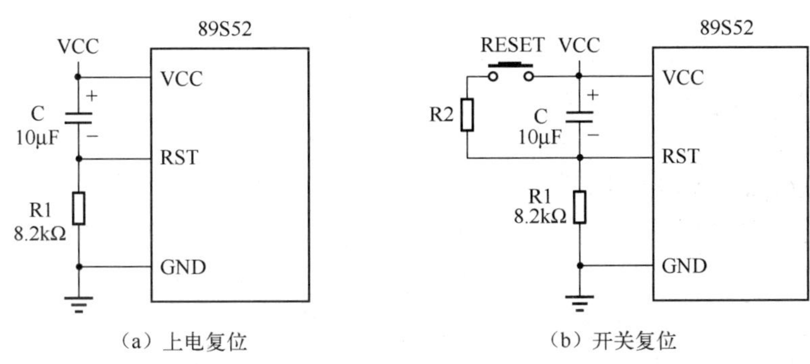

图 1-11　单片机复位电路

上电复位要求接通电源后，自动实现复位操作。开关复位要求在电源接通的情况下，用按钮开关操作使单片机复位。

单片机的复位操作使单片机进入初始化状态。初始化后各内部计算器的状态如下。

程序计数器 PC:0000H;
累加器 ACC:00H;
寄存器 B:00H;
程序状态字 PSW:00H;
堆栈指针 SP:07H;
数据指针 DPTR:0000H;
端口锁存器 P0～P3:0FFH;
寄存器 IP:各有效位为 0;
寄存器 IE:各有效位为 0;
寄存器 TCON:00H;

寄存器 TMOD:00H;
寄存器 T0、T1、T2:00H;
寄存器 SCON:00H;
寄存器 PCON:各有效位为 0;
串行数据缓冲器 SBUF:不定。

八、AT89S52 单片机的标识

在市场上购买 AT89S52 单片机时，有必要了解单片机上的标识，下面以图 1-1 为例介绍。

（1）第 1 行的标识“ATMEL”，表示单片机生产公司的名称，美国 ATMEL（爱特梅尔）公司。

（2）第 2 行的标识“AT89S52”，表示单片机的型号。

（3）第 3 行的标识“24PC”

① 数字部分，表示支持的最高系统时钟。

对于 AT89S52-24PC，“24”表示可支持最高为 24MHz 的系统时钟。

② 数字后第一个字母，表示封装形式。“P”：DIP 封装；“A”：TQFP 封装；“J”：PLCC 封装。对于 AT89S52-24PC，“P”表示 PDIP 封装。

③ 数字后最后一个字母，表示应用级别。“C”：商业级；“I”：工业级（有铅）；“U”：工业级（无铅）。对于 AT89S52-24PC，“C”表示商业级。

（4）第 4 行的标识“0525”，表示生产日期。本例中表示 2005 年的第 25 周生产。

本单元技能重点考核内容小结：

掌握 AT89S52 单片机引脚的功能和使用要求，了解单片机的基本硬件知识，学会识别其上的标识。

习题与实训

1. 简述什么是单片机。

2. 将下列十进制数转换为十六进制数和二进制数：

100，258，31，127，300，46

3. 将下列二进制数转换为十六进制数和十进制数：

01100100B，10101010B，01010101B，001011001010B

4. 访问 AT89S52 单片机 SFR、片内高 128B 的 RAM 区时，怎样区分二者？

5. 单片机系统的晶振频率越高，其程序运行的速度越________。当晶振频率为 6MHz 时，1 个机器周期为________ μs。

6. AT89S52 单片机的片内 RAM 有多大范围？如何分类？

7. AT89S52 单片机的程序存储器有多大范围？哪些地址有特殊用途？

8. AT89S52 单片机的 P0～P3 口在使用时有何要求？

第二单元

单片机系统的显示界面

综合教学目标

学习单片机编程常用软件的操作；掌握单片机系统中常用显示模块的程序设计。

主要内容

项目 2.1 流水灯、项目 2.2 电子秒表、项目 2.3 电子钟、项目 2.4 两级菜单的显示界面。分别介绍了发光二极管、数码管、字符型液晶显示器 RTC1602、点阵型液晶显示器 TG12864。

岗位技能综合职业素质要求：学会操作相关软件，处理烧录芯片时的问题。

单片机系统的显示界面主要用于显示系统的参数设置界面、输出结果界面、系统运行中的报警界面等。友好的人机界面将使产品大受欢迎。

本教材中选用“YL－236 型单片机控制功能实训考核装置”作为项目实训平台。

YL－236 装置将单片机系统中的常用显示模块集中在 MCU04 显示模块上，其照片如图 2-1

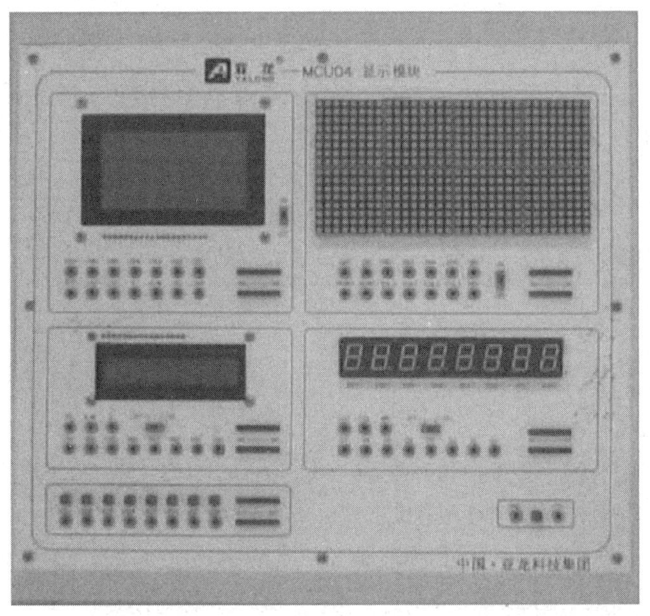

图 2-1　YL－236 装置中的 MCU04 显示模块

所示。其中包含有：8 个发光二极管 LED0 ~ LED7（左下）、8 个数码管显示器（右下）、1 个 RTC1602 液晶显示器（左中）、1 个 TG12864 液晶显示器（左上）、点阵显示器（右上）。

项目实训中可以根据需要选择其中某个或多个显示器来使用。

项目 2.1　流　水　灯

2.1.1　项目描述

本项目要求采用显示模块 MCU04 中的发光二极管（LED），完成下述任务。

任务 2-1-1：点亮一个发光二极管。

① 了解发光二极管工作原理。

② 点亮第一个发光二极管。

③ 掌握 51 单片机仿真器的使用，以及 MedWin 软件操作。

任务 2-1-2：实现二极管闪烁。

① 了解 ms 级延时 C51 函数。

② 用单片机控制发光二极管闪烁。

③ 掌握双龙下载器的使用。

任务 2-1-3：实现流水灯。

2.1.2　项目分析

通过项目描述，实现本项目需完成以下两方面工作。

① 硬件电路的设计：以单片机为控制中心，通过其 I/O 口与 MCU04 显示模块中的发光二极管连接，构成单片机控制 LED 电路。

② 程序的设计：用 C51 语言编写单片机控制 LED 程序。

2.1.3　任务 2-1-1　点亮一个发光二极管

一、发光二极管的工作原理

在 YL-236 装置的 MCU04 显示模块中，发光二极管部分的照片如图 2-2（a）所示。

LED 显示电路工作原理分析：如图 2-2（b）所示，当 LED0 端口为低电平时，发光二极管 D1 正向导通，有电流通过 D1，D1 发光；当 LED0 端口为高电平时，发光二极管 D1 无法导通，D1 熄灭。将单片机某 I/O 口与 LED0 端口相连，通过软件控制该 I/O 输出高或低电平就可以使 D1 灭或亮。图 2-2（b）中，电阻 R1 起限流作用，调整 R1 阻值大小就可以调节 LED 的亮度。

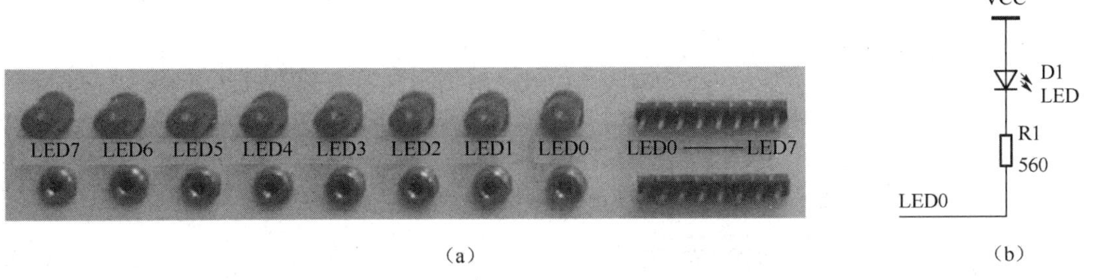

（a）　　　　（b）

图 2-2　MCU04 显示模块中的发光二极管照片与电路原理图

二、任务 2-1-1 的实施

1. 硬件电路的设计

本任务需要使用 YL－236 装置中的三个模块：MCU01 主机模块、MCU02 电源模块、MCU04 显示模块。模块接线图如图 2-3 所示，其中主机模块的 P0.0～P0.7 用排线接到显示模块的 LED0～LED7；主机模块、显示模块的 +5V 电源端子接到电源模块的 +5V 端口；主机模块、显示模块的 GND 端子接到电源模块的 GND 端口。

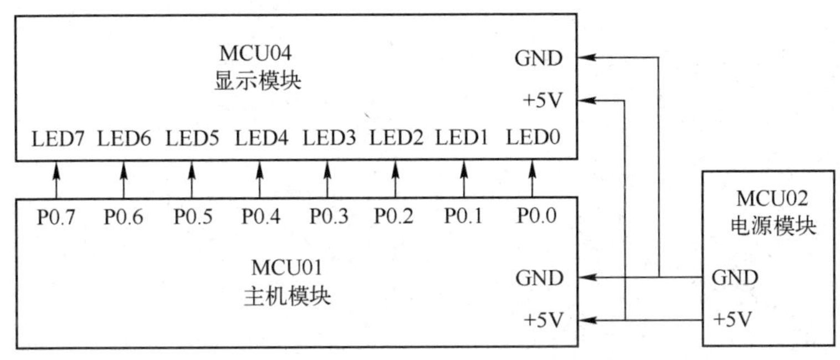

图 2-3　单片机控制 LED 显示的模块接线图

2. 点亮 LED0 的程序设计

（1）单片机 P0.0 的输出电平与 LED0 状态关系表

由 LED 工作原理可知，单片机 P0.0 的输出电平与 LED0 状态关系见表 2-1。

表 2-1　P0.0 的输出电平与 LED0 状态关系表

P0.0 的输出电平	LED0 的状态
1（高电平）	灭
0（低电平）	亮

（2）用 C51 语言指令控制单片机 I/O 口输出

在 C51 语言中，使单片机 P0.0 输出低电平，只需要写语句“P0^0 = 0;”；使单片机 P0.0 输出高电平，只需要写语句“P0^0 = 1;”。

任务 2-1-1 的程序清单

```
#include <at89x52.h>          //头文件包含
sbit LED0 = P0^0;             //定义符号 LED0 为单片机的 P0.0 引脚
```

```
void main( )
{
    LED0 =0;            //P0.0 输出低电平，灯亮；P0.0 输出高电平，灯熄灭
    while(1);           //死循环
}
```

【知识链接一】C 程序的基础知识

1. C 程序的基本结构

（1）C 程序是由函数构成的。一个 C 源程序至少且仅包含一个 main 函数，也可以包含一个 main 函数和若干其他函数。函数体的内容由一对{}括起来，{}必须成对出现。

（2）main 为“主函数”，一个 C 程序总是从 main 函数开始执行，而且不论 main 函数在整个程序中的位置如何。

（3）C 程序书写格式自由，一行内可以写几条语句，一条语句可以分写在多行上。

（4）每条语句和数据声明的最后必须有一个分号，分号是 C 语句的必要组成部分，不可缺少。既使程序中最后一条语句也应包含分号。

2. 文件包含

“文件包含”是指一个文件将另外一个文件的内容全部包含进来。其格式为：

① #include <文件名称>

② #include "文件名称"

两者区别在于" "和< >。< >表示头文件在编译器（Keil C51）的安装目录下，一般都是编译器自带的头文件；" "表示头文件在当前工程的目录下，一般都是自己写的头文件，编译器将首先查找当前目录，如果没找到，则在由菜单选择项所确定的目录中查找。

任务 2-1-1 的程序中，文件 at89x52.h 在路径“C:\Keil\C51\INC\Atmel”中，是编译器自带的头文件，它主要定义了 ATMEL 公司的 52 单片机内部相关资源名称，以方便使用。

3. Keil C51 单片机集成开发环境

Keil C51 是目前使用最广泛的基于 51 单片机内核的开发平台之一，其编译器性能较好。

4. 使用 Keil C 的关键字 sbit 来定义位变量

第一种方法：sbit　位变量名 = 位地址值

第二种方法：sbit　位变量名 = 字节名称^序号

第三种方法：sbit　位变量名 = 字节地址值^序号

例如：sbit OV = PSW^2。

三、单片机仿真器及其软件的使用

YL－236 装置中配备的仿真器为南京万利公司的“insight”51 单片机仿真器。YL－236 装置的主机模块与仿真器模块的照片如图 2-4 所示。先将主机模块上的 AT89S52 芯片取下，将仿真头的引脚插在主机模块的卡座上并卡紧，注意仿真头上的弧形标识对准卡座的上方，方向不能插反；然后按照图 2-3 连接好系统接线，并接通仿真器的电源与 USB 线等。

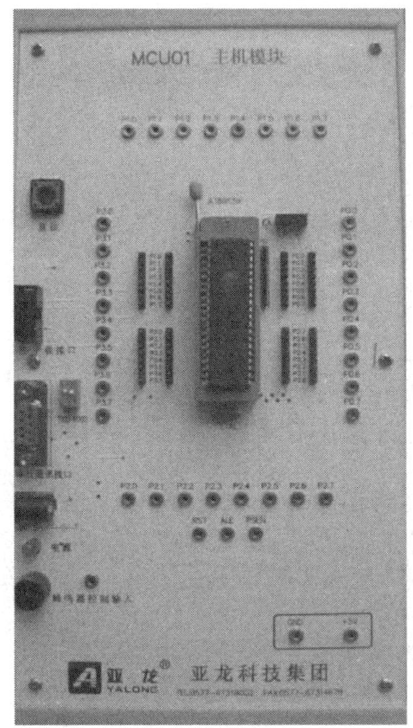

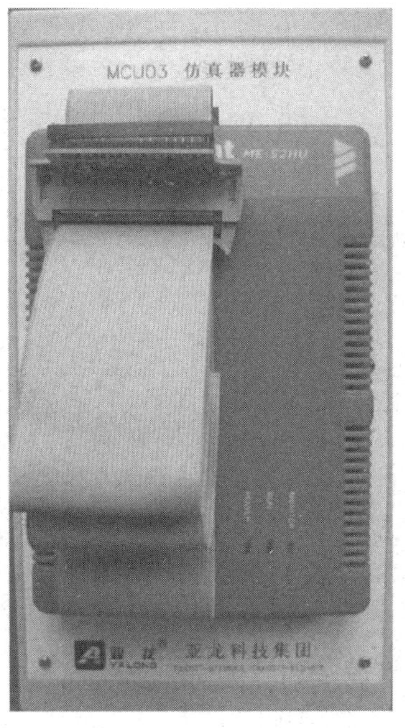

图 2-4　主机模块与仿真器模块照片

“insight” 51 单片机仿真器的配套软件为 MedWin 3.0，它是一个国产的中文界面单片机集成开发平台，比 Keil C51 更好操作，但其自身不带 C51 编译器，需要调用 Keil C 编译器。操作步骤如下。

（1）启动 MedWin 3.0，创建项目，命名后保存。

启动 MedWin 3.0 后，在菜单“项目管理”中选择“新建项目”，如图 2-5 所示。

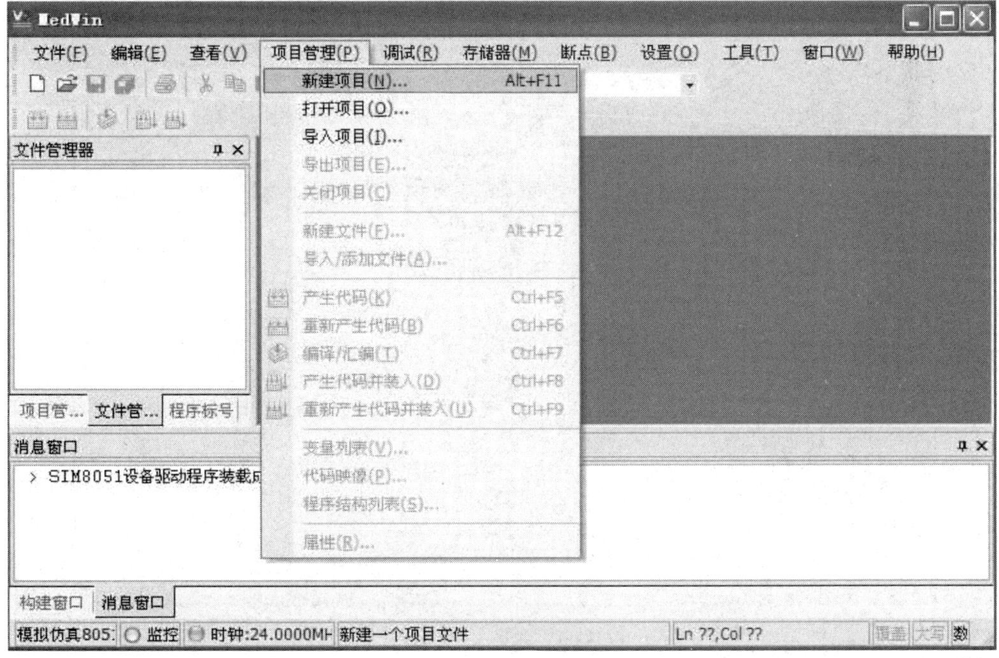

图 2-5　新建项目

弹出对话框如图 2-6 所示。点击其中“设备驱动程序名”后的下拉按钮，出现若干选项：第一项“Insight ME－52HU Family Emulator”为上述万利仿真器，使用仿真器时应选此项；第二项“80C51 Simlator Driver”为软件仿真，若不连接仿真器，只是使用 MedWin 编译源程序产生机器码，可以选此项。这里选中第一项，点击“下一步”按钮。

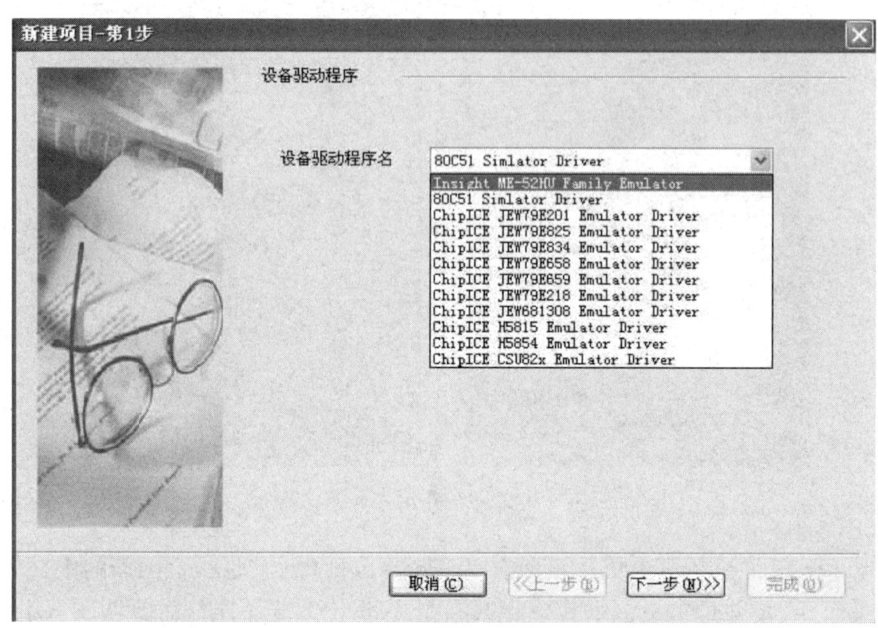

图 2-6　选择驱动程序

在第 2 步的对话框中，选择如图 2-7 所示编译工具，然后点击“下一步”按钮。

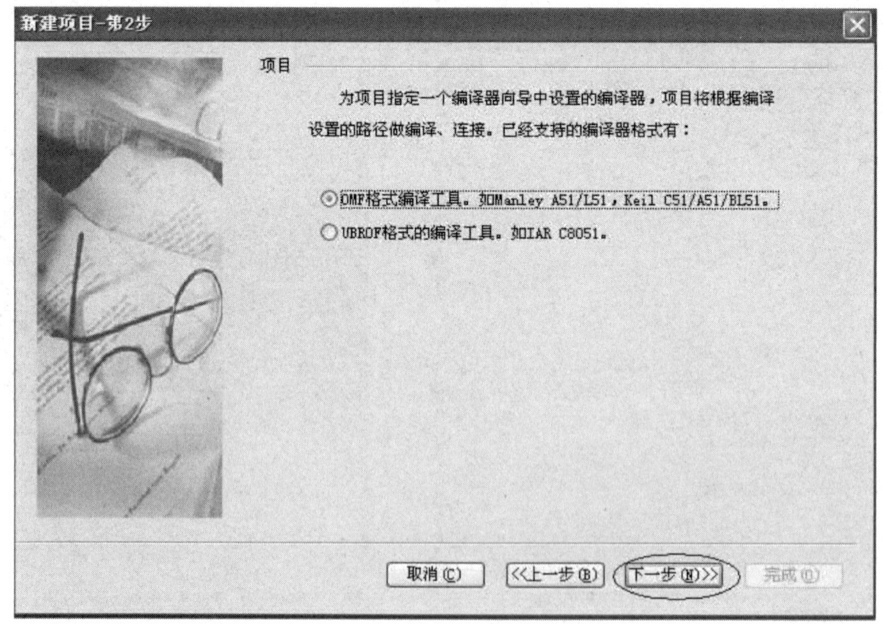

图 2-7　选择编译工具

然后，在图 2-8 所示对话框中输入项目名称 led0，然后点击“下一步”按钮。其存储位置一般默认在计算机最后一个盘符根目录的“WorkDir”文件夹下。也可点击“浏览”按钮自行设定存储路径。

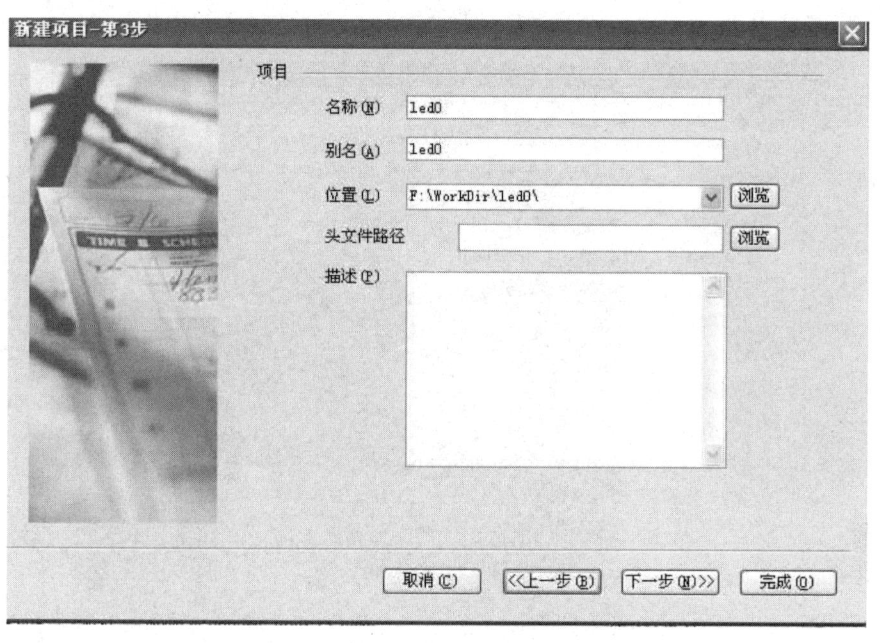

图 2-8　输入项目名称

然后，在图 2-9 所示对话框中，设置有关参数。点击“片内 RAM 长度”选项后的下拉按钮，选择“256”，可以充分使用 AT89S52 的 256 字节 RAM 空间；若单片机为 AT89S51，则选择“128”。

新建项目-第4步
目标　汇编语言　C语言　连接控制　代码输出
目标控制
片内RAM长度　256
存储变量模式(R)　Small: variables in Data
程序代码模式(C)　Large: 64K program
操作系统内核(O)　None
片外存储器空间
偏移地址　长度　偏移地址　长度
Code　XData
Code　XData
Code　XData
程序代码
使用页面方式　页面数　2
页面范围:　起始地址　0x0000
结束地址　0xFFFF
取消(C)　<<上一步(B)　下一步(N)>>　完成(O)

图 2-9　设置有关参数

点击“操作系统内核”选项后的下拉按钮，出现 3 个选项：① None（无操作系统）；② RTX_51 Tiny（RTX_51 操作系统精简版）；③ PTX_51 Full（RTX_51 操作系统完整版）。本项目没有采用操作系统，因此选①。

在图 2-9 中，点击“完成”按钮后，项目 led0 就创建完毕，如图 2-10 所示。

图 2-10　新建项目完成

（2）创建源程序文件并命名保存。

选中菜单“文件/新建”，创建源程序文件，如图 2-11 所示。

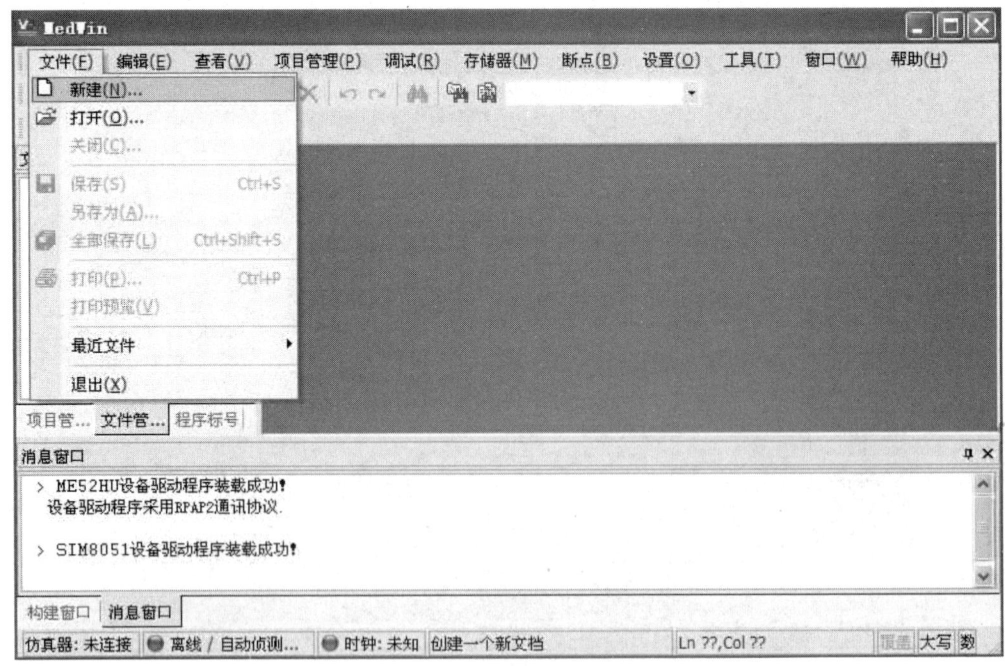

图 2-11　创建源程序文件

选中菜单“文件/另存为”，保存为C语言程序文件格式，如图2-12所示。

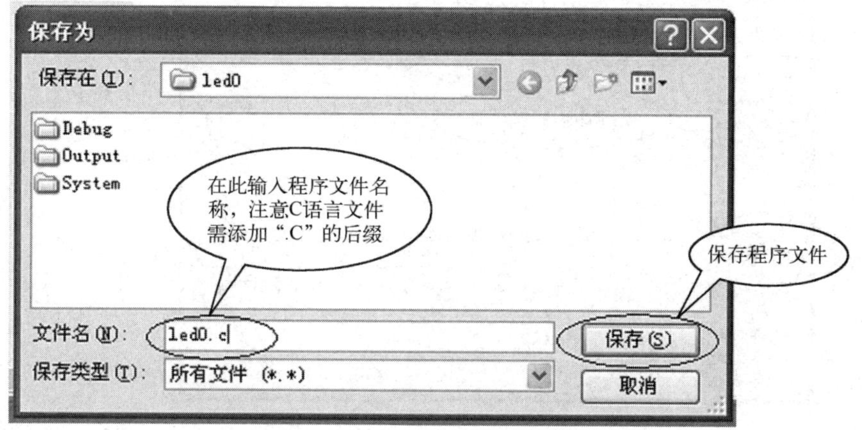

图2-12　另存为C语言程序文件格式

（3）导入/添加C文件到项目中。

用鼠标右键单击源文件组，在弹出的菜单中选择“导入/添加文件”，如图2-13所示。

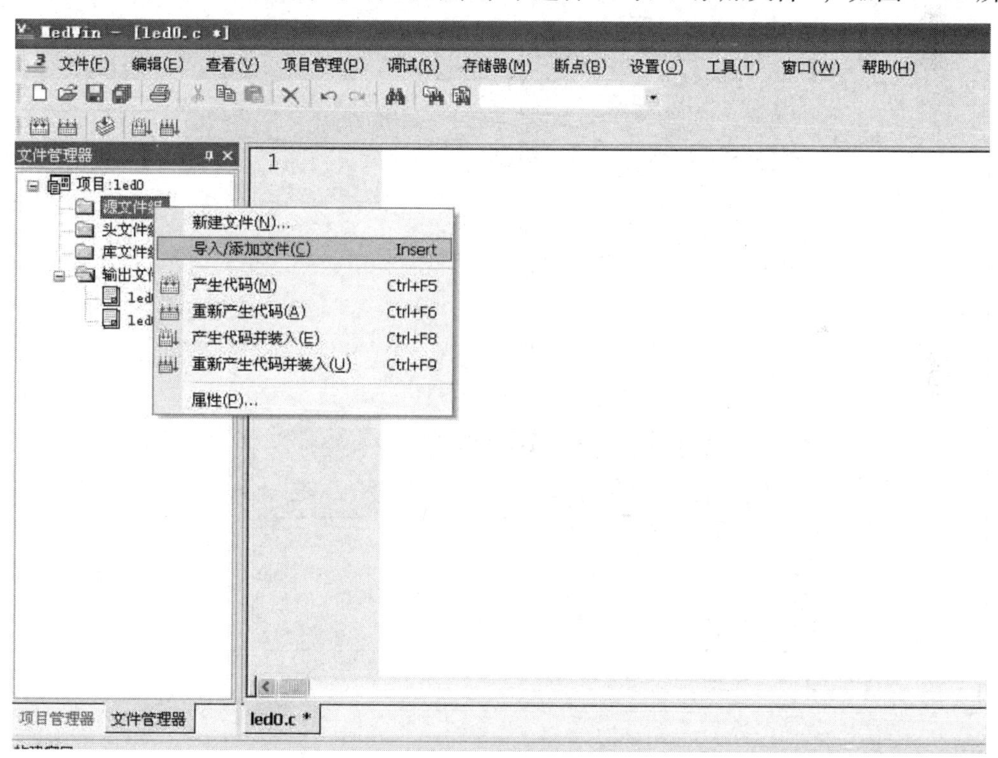

图2-13　导入C文件（一）

找到之前保存的C文件，并添加到项目工程的源文件组中去，如图2-14所示。

导入源程序文件后，源文件组将出现该文件，如图2-15所示。

（4）在刚导入的C文件中编写C51程序。

在程序编辑区输入C51源程序，如图2-16所示。

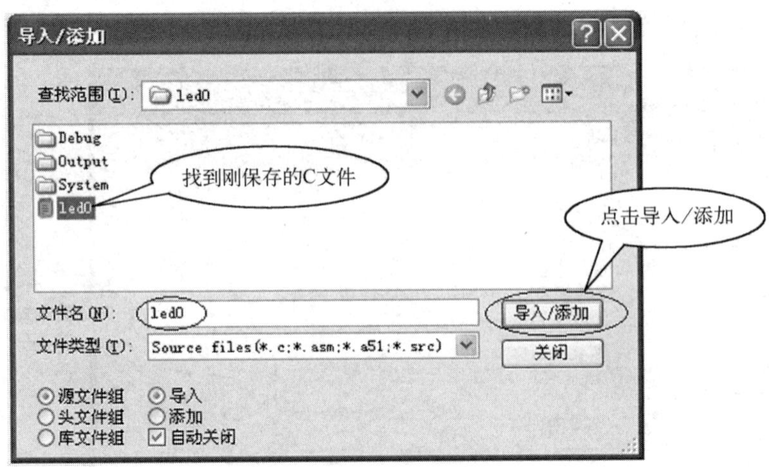

图 2-14　导入 C 文件（二）

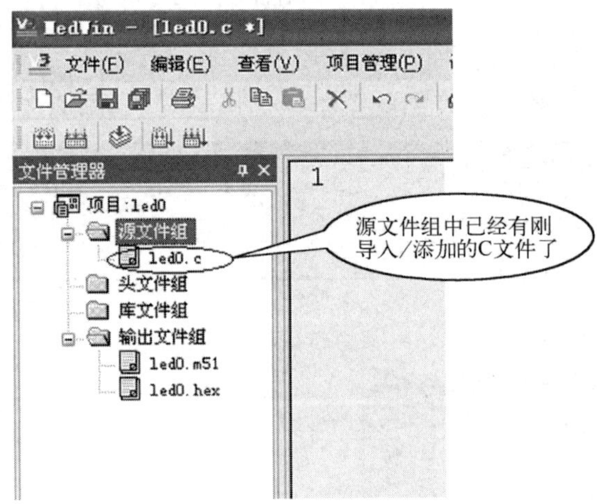

图 2-15　文件导入完成

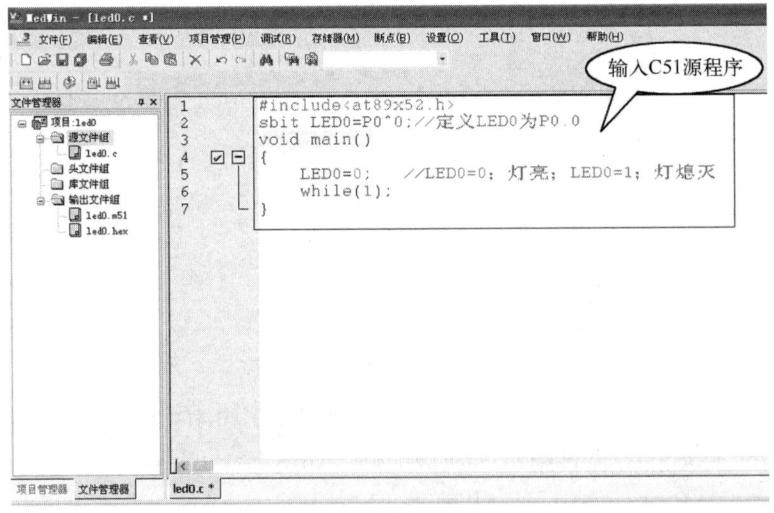

图 2-16　输入 C51 程序

（5）编译 C51 程序。

由于 MedWin 3.0 自身不带编译器，因此选中菜单“设置/设置编译工具”，如图 2-17 所示。

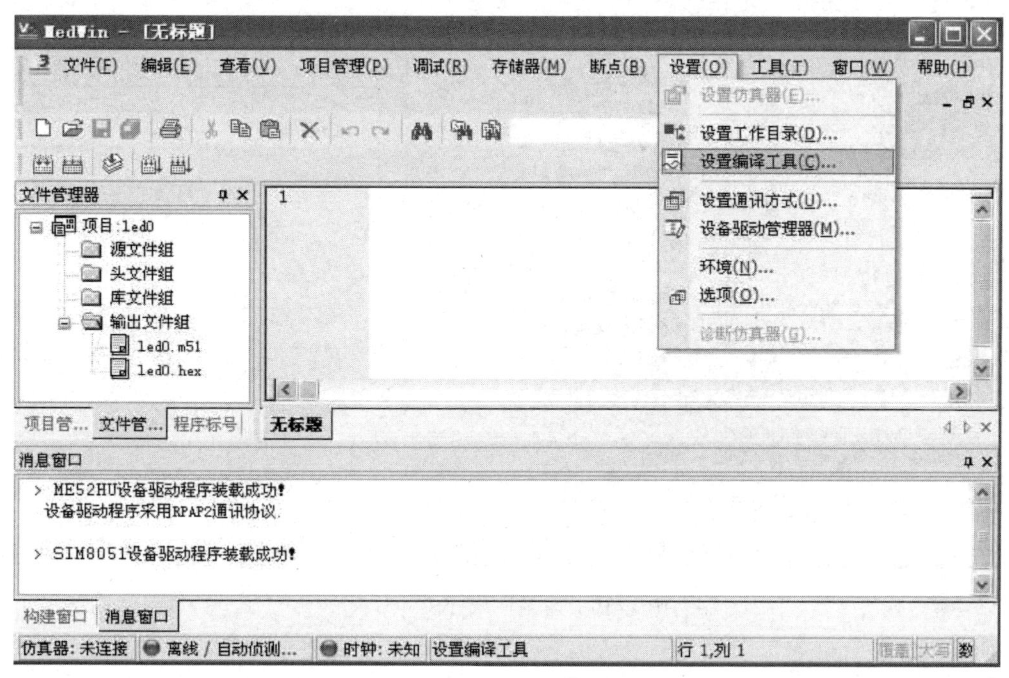

图 2-17　设置编译工具（一）

在如图 2-18 所示的对话框中，设置编译工具及相关文件路径后，点击“确定”按钮。

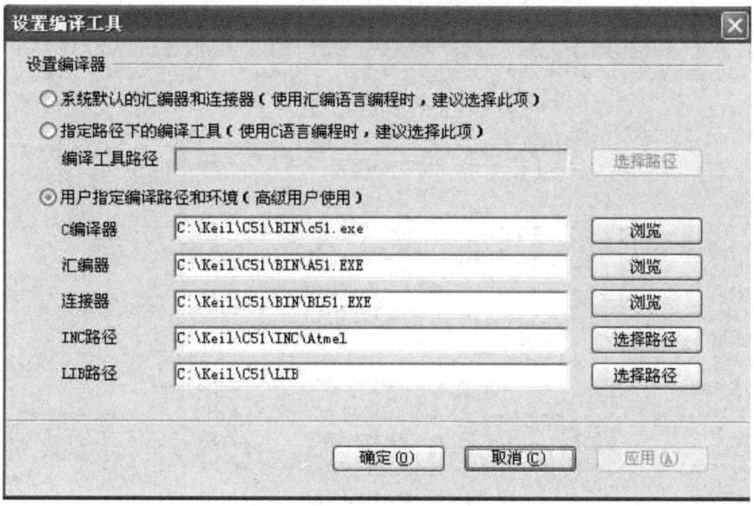

设置编译工具
设置编译器
系统默认的汇编器和连接器（使用汇编语言编程时，建议选择此项）
指定路径下的编译工具（使用C语言编程时，建议选择此项）
编译工具路径　选择路径
用户指定编译路径和环境（高级用户使用）
C编译器　C:\Keil\C51\BIN\c51.exe　浏览
汇编器　C:\Keil\C51\BIN\A51.EXE　浏览
连接器　C:\Keil\C51\BIN\BL51.EXE　浏览
INC路径　C:\Keil\C51\INC\Atmel　选择路径
LIB路径　C:\Keil\C51\LIB　选择路径
确定(O)　取消(C)　应用(A)

图 2-18　设置编译工具（二）

选中菜单“项目管理/重新产生代码并装入”，如图 2-19 所示。

用软件编译 C51 源程序，如果编译链接无误，将产生机器码，并装入仿真器；若编译链接中发现错误（主要为语法错误），则会在构建窗口中提示错误种类，无法产生机器码，此时应该改正程序中的错误，重新产生代码并装入，正确后，才能进行下一步。

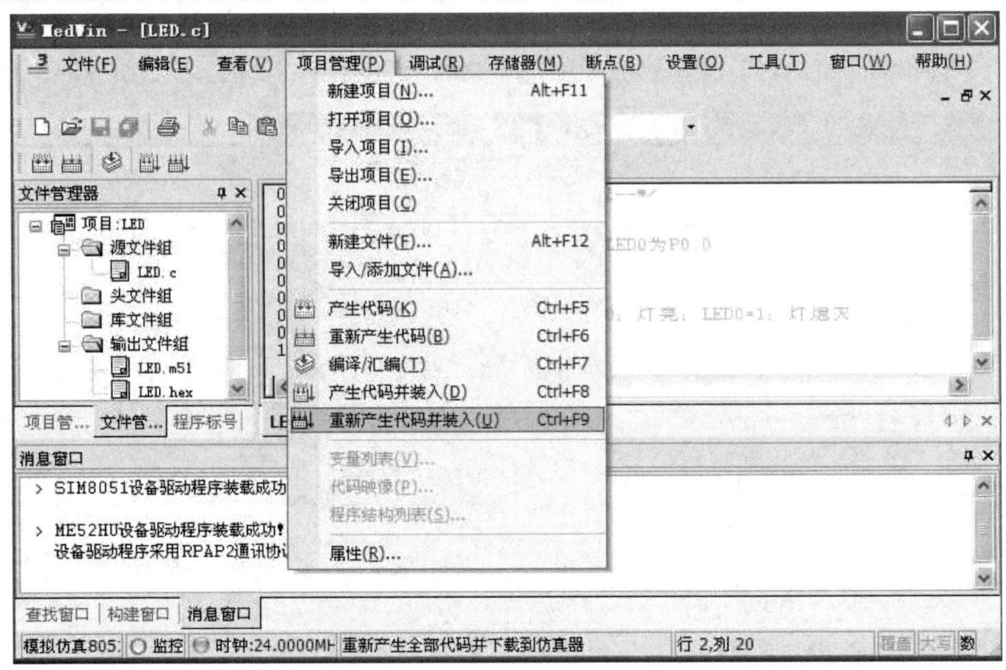

图 2-19　重新产生代码并装入

（6）调试 C51 程序。

如图 2-20 所示，点击菜单“调试”后出现的下拉菜单中，可选择以“单步”或“全速运行”等方式运行程序，并在系统中查看程序运行结果。若结果有错（主要为逻辑错误），则应改正程序错误，重新编译、调试，直至程序运行结果完全正确。

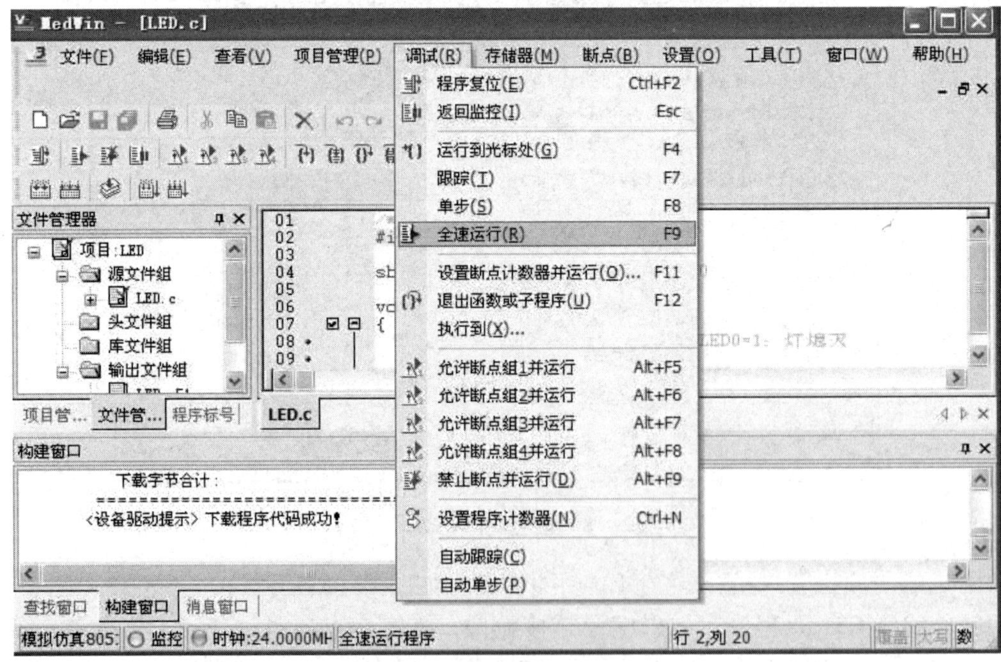

图 2-20　调试 C51 程序

本任务中，以“全速运行”方式运行程序后，将会看到 LED0 亮。在“调试”状态下，选中菜单“调试/返回监控”，将退出“调试”状态。

2.1.4 任务 2-1-2　实现二极管闪烁

一、任务要求

本任务要求单片机控制 LED0 间隔 1s 闪烁，就是让 LED0 灯亮 1s，然后熄灭 1s，反复循环不止。

二、任务 2-1-2 的实施

1. 硬件电路的设计

硬件电路的设计与任务 2-1-1 相同。

2. 程序的设计

（1）下面函数为 ms 级延时函数。

```
void delayms(uint x)      //当晶振为 12MHz，延时 x ms，
{                         //用 MedWin 3.0 的“查看/工具栏/时间”功能测试结果：
    uchar i;              //x 小于 500（ms）时，最大误差为 17μs；
    while(x--)            //x 为 1000、2000、3000(ms)时,误差分别为 19、23、27μs。
    for(i=0;i<123;i++);
}                         //当晶振为 11.0592MHz,延时 12x/11ms。
```

（2）单片机控制 LED0 闪烁的程序流程图如图 2-21 所示。

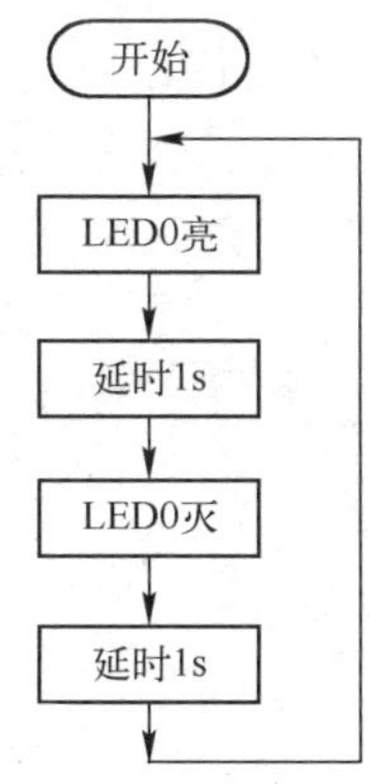

图 2-21　单片机控制 LED0 闪烁的程序流程图

任务 2-1-2 的程序清单

```
#include <at89x52.h>
#define uint unsigned int         //定义 uint = unsigned int（无符号整型）
#define uchar unsigned char       //定义 uchar = unsigned char（无符号字符型）
sbit LED0 = P0^0;                 //定义符号 LED0 为单片机的 P0.0 引脚
```

```
void delayms( uint x)              //函数省略，请参考上文
void main( )
{
    while(1)                       //另一种解法
    {
        LED0 =0;                   //LED0 亮 1s
        delayms(922);              //实际晶振 11.0592MHz,1000 * 11.0592/12 =922
        LED0 =1;                   //LED0 灭 1s
        delayms(922);
    }

    /*
    while(1)                       //另一种解法
    {
        LED0 =! LED0;              //LED0 亮 1s，灭 1s。效果同上
        delayms(922);
    } */
}
```

正确连接好仿真器，在 MedWin 3.0 中建立名为 led1 项目，输入上面的源程序，编译、连接正确后，全速运行，可以看到发光二极管 LED0 亮 1s、灭 1s，不停闪烁。

【知识链接二】程序流程图与程序的构成等

1. 程序流程图

程序流程图是用一些图框来表示各种操作，直观形象，易于理解。美国国家标准化协会 ANSI（American National Standard Institute）规定的一些常用的流程图符号如知识链接图 2-1 所示。

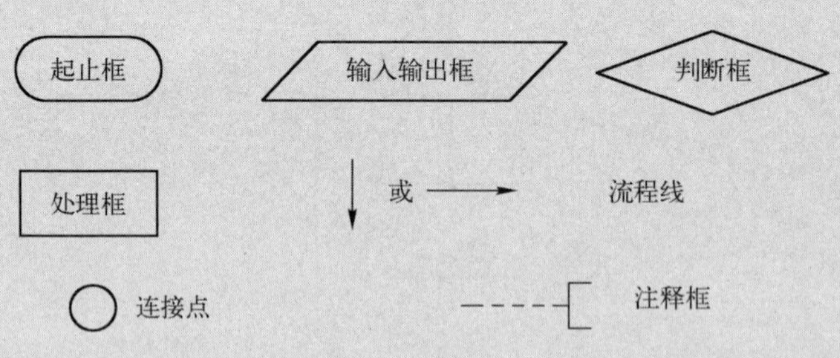

知识链接图 2-1

2. 程序的构成

程序 = 数据结构 + 算法

① 对数据的描述，在程序中指定数据的类型和数据的组织形式，即数据结构。

② 对操作的描述，即操作步骤，也就是算法。

3. 逻辑运算符“!”的作用

！为逻辑非运算符，其作用是将逻辑量或位变量的值取反，即原来为1的，变为0；原来为0的，变为1。

三、单片机程序的烧录

程序调试成功后，下一步要把程序代码下载（烧录）到单片机芯片AT89S52中。

YL－236装置中配备了双龙ISP下载器。按照其光盘里产品说明书上的步骤，安装好相关软件后，第一次用USB线连接双龙ISP下载器和计算机时，会在电脑屏幕上看到“已经找到新硬件”的提示，选择“自动安装软件”，计算机会自动安装好新增的设备。

单片机程序烧录的操作步骤如下。

① 下载程序前，首先关闭系统电源，将仿真头取下；然后将AT89S52的引脚插在主机模块的卡座上并卡紧，注意单片机芯片上的弧形标识对准卡座的上方，方向不能插反。

② 用排线连接双龙ISP下载器与主机模块后，再接通双龙ISP下载器的USB线。

③ 启动双龙ISP下载器软件后，出现如图2-22所示界面。

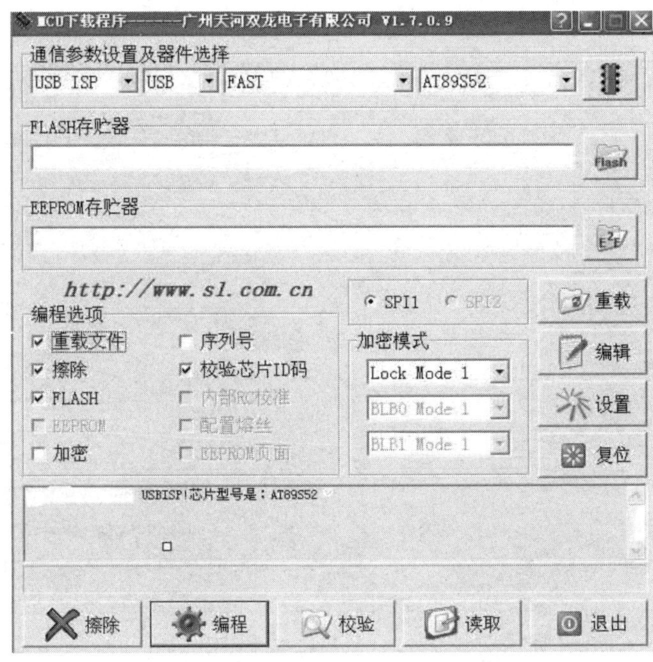

图2-22　双龙ISP下载器软件界面

④ 如图2-22所示，首先在界面上部各选项中，正确选择“下载端口”、“下载速度”、“芯片型号”等，然后点击“FLASH存贮器”选项右边的“Flash”按钮，添加要烧录的机器码文件（一般为HEX文件），如图2-23所示。

⑤ 添加HEX文件后，点击图2-22中的“编程”按钮，软件会自动烧录机器码程序到AT89S52单片机中。但烧录有时会失败，可能是由于在设计的目标系统电路中，P1.5、P1.6、P1.7的电平被钳制住（例如：作为输入端口，而从外界输入电平为0V等），ISP下载器无法通过这3个引脚下载程序，这时，可以将主机模块上P1.5、P1.6、P1.7端子上的

导线拔除，再下载程序。下载失败，有时是因为目标系统自身电源未供应，这时可以通过 ISP 下载器给目标系统供电，然后再完成下载，相关设置操作如图 2-24 所示。

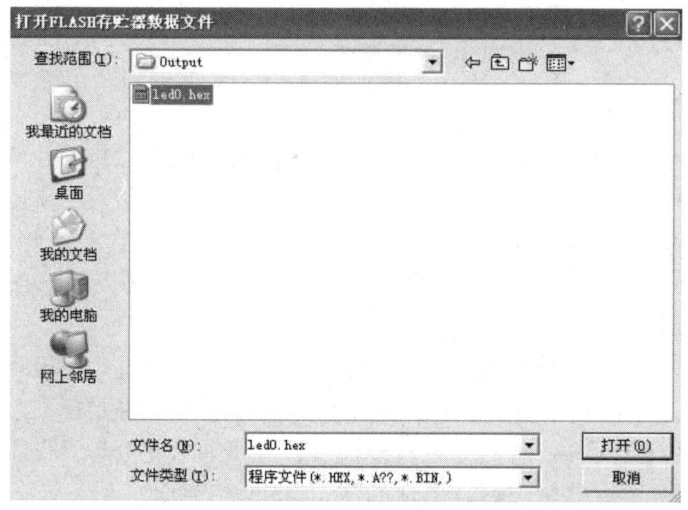

图 2-23　添加机器码文件

图 2-24　给目标系统供电

⑥ 本任务中，正确烧录“LED0 闪烁”的程序代码后，先断开双龙 ISP 下载器的 USB 线，再断开双龙 ISP 下载器与主机模块的排线，打开系统电源后，即可看到 LED0 不停闪烁。

2.1.5　任务 2-1-3　实现流水灯

一、任务要求

单片机控制 8 个发光二极管从 LED0 到 LED7 间隔 1s 依次点亮（亮 1s 后熄灭，下一个

LED 点亮)，当 LED7 亮 1s 后，又从 LED0 开始点亮，如此循环不止，视觉效果上像一个亮的灯从右到左流动。

二、任务 2-1-3 的实施

1. 硬件电路的设计

硬件电路的设计与任务 2-1-1 相同。

2. 程序的设计

(1) 流水灯形成原理。

LED 形成流水灯的效果实质是按顺序依次点亮发光二极管，其发光过程见表 2-2。

表 2-2　流水灯发光过程表

步骤＼引脚	P0.7 (LED7)	P0.6 (LED6)	P0.5 (LED5)	P0.4 (LED4)	P0.3 (LED3)	P0.2 (LED2)	P0.1 (LED1)	P0.0 (LED0)	说明
1	1	1	1	1	1	1	1	0	LED0 亮
2	1	1	1	1	1	1	0	1	LED1 亮
3	1	1	1	1	1	0	1	1	LED2 亮
4	1	1	1	1	0	1	1	1	LED3 亮
5	1	1	1	0	1	1	1	1	LED4 亮
6	1	1	0	1	1	1	1	1	LED5 亮
7	1	0	1	1	1	1	1	1	LED6 亮
8	0	1	1	1	1	1	1	1	LED7 亮

注：表中数据 0 或 1，表示该引脚输入低或高电平，以使相应 LED 亮或灭。

(2) 本教材提供两种方法实现单片机控制 LED 流水灯的程序清单，方法二的流程图如图 2-25 所示。

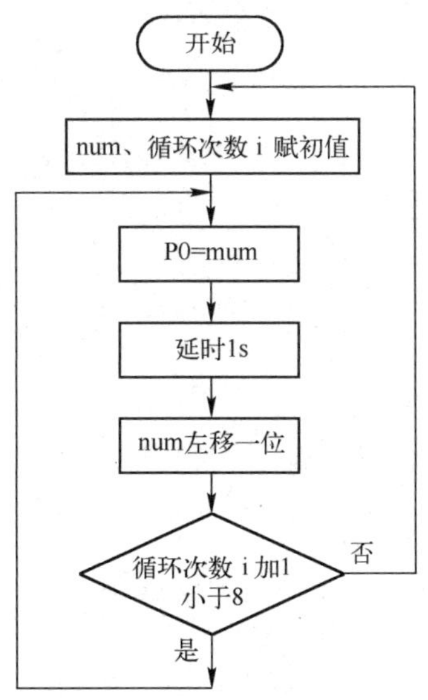

图 2-25　单片机控制 LED 流水灯的程序流程图

任务 2-1-3 的程序清单

```
#include <at89x52.h>
#define uint unsigned int                //定义 uint = unsigned int (无符号整型)
#define uchar unsigned char              //定义 uchar = unsigned char (无符号字符型)
sbit LED0 = P0^0;                        //定义符号 LED0 为单片机的 P0.0 引脚
sbit LED1 = P0^1;                        //定义符号 LED1 为单片机的 P0.1 引脚
sbit LED2 = P0^2;                        //定义符号 LED2 为单片机的 P0.2 引脚
sbit LED3 = P0^3;                        //定义符号 LED3 为单片机的 P0.3 引脚
sbit LED4 = P0^4;                        //定义符号 LED4 为单片机的 P0.4 引脚
sbit LED5 = P0^5;                        //定义符号 LED5 为单片机的 P0.5 引脚
sbit LED6 = P0^6;                        //定义符号 LED6 为单片机的 P0.6 引脚
sbit LED7 = P0^7;                        //定义符号 LED7 为单片机的 P0.7 引脚
void delayms(uint x)                     //函数省略，请参考任务 2-1-2

void main()                              //方法一
{
    while(1)                             //方法一比较容易想到
    {
        P0 = 0xff;                       //熄灭所有的 LED
        LED0 = 0;                        //点亮 LED0
        delayms(922);                    //实际晶振为 11.0592MHz，延时 1s
        P0 = 0xff;
        LED1 = 0;                        //点亮 LED1
        delayms(922);
        P0 = 0xff;
        LED2 = 0;                        //点亮 LED2
        delayms(922);
        P0 = 0xff;
        LED3 = 0;                        //点亮 LED3
        delayms(922);
        P0 = 0xff;
        LED4 = 0;                        //点亮 LED4
        delayms(922);
        P0 = 0xff;
        LED5 = 0;                        //点亮 LED5
        delayms(922);
        P0 = 0xff;
        LED6 = 0;                        //点亮 LED6
        delayms(922);
        P0 = 0xff;
        LED7 = 0;                        //点亮 LED7
        delayms(922);
```

```
        }
}
void main()                           //方法二
{
    uchar num,i;                      //定义 2 个变量
    while(1)                          //方法二比较简洁
    {
        num = 0xfe;                   //准备点亮第一个灯(LED0)
        for(i = 0;i < 8;i ++ )        //8 个 LED，共循环 8 遍
        {
            P0 = num;                 //点亮某个 LED
            delayms(922);             //延时 1s
            num = num << 1|0x01;      //准备下一个 LED
        }
    }
}
//0xfe：点亮 LED0，0xfd：点亮 LED1，0xfb：点亮 LED2，0xf7：点亮 LED3，
//0xef：点亮 LED4，0xdf：点亮 LED5，0xbf：点亮 LED6，0x7f：点亮 LED7
```

正确连接好仿真器，在 MedWin 3.0 中建立名为 led2 的项目，输入上面的源程序（main 函数在方法一与方法二中选一个），编译、连接正确后，全速运行，可以看到一个亮的灯从右至左流动。关闭系统电源后，正确烧录“流水灯”的程序代码到单片机中，取下双龙 ISP 下载器，打开系统电源后，即可看到同样的结果。

在本书后面各任务中，请参考任务 2-1-1 ~2-1-2 中介绍的方法正确使用仿真器和双龙 ISP 下载器调试和下载程序，只有程序下载到单片机中并运行正确后，方为任务完成。

【知识链接三】C51 的数据结构

一、常量与变量

C 语言的基本数据类型，按其取值是否可改变分为常量和变量两种。在程序执行过程中，其值不发生改变的量称为常量，取值可变的量称为变量。

1. 数值常量

数值常量也称为常数，例如 12、－5.3、'c'、'abc'等。其中 12 为整型常量，－5.3 为浮点型常量，'c'为字符型常量，"abc"为字符串常量。

2. 符号常量

在 C 语言中，可以用一个标识符（标识符的定义见下文）来表示一个常量，称之为符号常量。符号常量在使用之前必须先定义，其一般形式为：“#define 标识符 常量”。

其中，#define 也是一条预处理命令，称为宏定义命令，其功能是把该标识符定义为其后的常量值。一经定义，以后在程序中所有出现该标识符的地方均代之以该常量值。

二、变量

值可以改变的量称为变量。一个变量应该有一个名字，在内存中占据一定的存储单元，在该存储单元中存放变量的值。请注意：变量名与变量值的区别如知识链接图 2-2 所示。

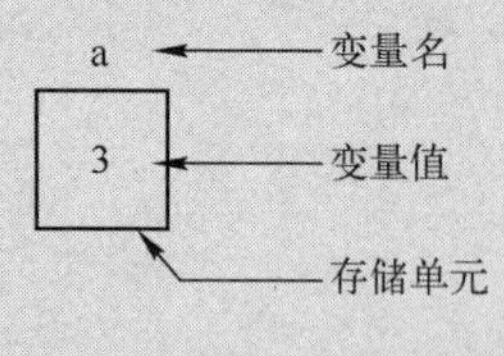

知识链接图 2-2

在 C 语言中，要求对所有用到的变量做强制定义，也就是“先定义，后使用”。

在 C 语言中用来标识变量名、符号常量名、函数名、数组名、类型名等的有效字符序列称为标识符。简单地说，标识符就是一个名字。

C 语言规定标识符只能由字母、数字和下划线三种字符组成，且第一个字符必须为字母或下划线。要注意的是，C 语言中大写字母与小写字母被认为是两个不同的字符，即 Sum 与 sum 是两个不同的标识符。

1. 整型变量

整型变量的基本类型符为 int，在 int 之前可以根据需要分别加上修饰符。在 Keil C 中规定，基本整型数据在存储器中占用 2 个字节（即 16bit）、长整型占用 4 个字节的存储空间。知识链接表 2-1 列出了各种整型数据的有关数据。

知识链接表 2-1　整数类型的有关数据

类型	关键字	位数	数值范围
基本整型	[signed] int	16	$-32768 \sim 32767$ 即 $-2^{15} \sim (2^{15}-1)$
	unsigned int	16	$0 \sim 65535$ 即 $0 \sim (2^{16}-1)$
长整型	[signed] long [int]	32	$-2147483648 \sim 2147483647$ 即 $-2^{31} \sim (2^{31}-1)$
	unsigned long [int]	32	$0 \sim 4294967295$ 即 $0 \sim (2^{32}-1)$

2. 字符型变量

字符型变量的基本类型符为 char，其表达的范围是 $-128 \sim +127$；字符型变量只有一个修饰符 unsigned，即无符号数，而加上了 unsigned 后，其表达的范围变为 $0 \sim 255$。

3. 浮点型变量

在 8 位单片机中，尽量不要用浮点型数据，这里不做介绍。

4. Keil C51 特有的变量类型

（1）位型变量

位型变量是使用一个二进制位来存放数据，其值只有“0”和“1”两种。位型变量的定义和其他数据类型一样，关键字为 bit。例如：

```
bit a =0;          //定义一个位变量，并赋初值为 0
```

（2）sfr 型变量

80C51 内部有一些特殊功能寄存器（sfr）。为定义、存取这些特殊功能寄存器，C51 增加了 sfr 型数据，相应也增加了 sfr、sfr16 和 sbit 这 3 个关键字。例如：

```
sfr P0 =0x80;            // 定义 8 位特殊功能寄存器 P0
sfr16 DPTR =0x82;        // 定义 16 位特殊功能寄存器 DPTR
```

三、变量的存储类型

在变量前加一个修饰符可以指定变量的存储器类型。

① data：片内 RAM 低 128B，直接寻址访问，存储类型默认为 data。

② bata：片内 RAM 中 20H ~ 2FH，可以位寻址。

③ idata：片内 RAM 中 256B，间接寻址访问。

④ xata：片外 RAM 中或片外 I/O 口扩展。

⑤ code：ROM 中一般为固定数据表格，用 MOVC 指令查表访问。

例如：

```
unsigned char bdata flag;
sbit F0 = flag^0;
sbit F1 = flag^1;
```

项目2.2　电子秒表

2.2.1 项目描述

本项目要求采用显示模块 MCU04 中的数码管显示，完成下述任务。

任务 2-2-1：用数码管显示数字 0 ~ 7。

任务 2-2-2：实现电子秒表。

2.2.2 项目分析

通过项目描述，实现本项目需完成以下两方面工作：

① 硬件电路的设计：以单片机为控制中心，通过其 I/O 口与 8 位数码管连接，构成 I/O 口模拟操作时序的接口电路。

② 程序的设计：用 C51 语言编写数码管动态扫描显示函数，以及利用软件延时实现电子秒表。

2.2.3 任务 2-2-1　用数码管显示数字 0 ~ 7

一、数码管显示器的工作原理

8 段数码管属于 LED 发光器件的一种，也是比较常用的显示器件。如图 2-26 所示为显示模块 MCU04 中的数码管部分照片。

8 段数码管通常由 8 个发光二极管组成，其中 7 个发光二极管构成 7 笔字形，1 个构成小数点，因此通称 7 段 LED 数码管。其内部结构分为共阳极和共阴极两种类型，电路结构如图 2-27 所示。

图 2-26　显示模块 MCU04 中的数码管部分

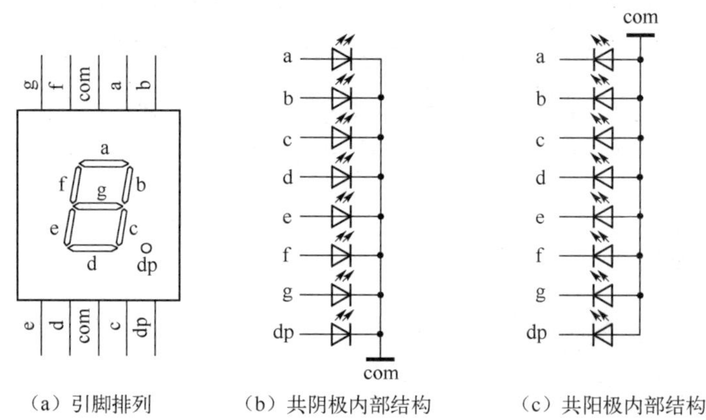

图 2-27　七段数码管的引脚排列、内部结构

对于多位数码管显示器，通过控制某数码管的公共端电平，如共阳极公共端为高电平或共阴极公共端为低电平，可使该数码管亮。应用中常将一个 8 位并行数据输出到对应段引脚，数码管各段与数据位的对应关系见表 2-3；不同的并行数据可显示不同的数字和字符，控制数码管显示的 8 并行位数据称为段选码，常用段选码见表 2-4。

表 2-3　数码管各段与数据位对应关系表

D7	D6	D5	D4	D3	D2	D1	D0
dp	g	f	e	d	c	b	a

表 2-4　常用段选码表

显 示 字 符	共阴极段选码	共阳极段选码	显 示 字 符	共阴极段选码	共阳极段选码
0	3FH	C0H	9	77H	90H
1	06H	F9H	A	77H	88H
2	5BH	A4H	B	7CH	83H
3	4FH	B0H	C	39H	C6H
4	66H	99H	D	5EH	A1H

续表

显 示 字 符	共阴极段选码	共阳极段选码	显 示 字 符	共阴极段选码	共阳极段选码
5	6DH	92H	E	79H	86H
6	07H	82H	F	71H	8EH
7	7FH	F8H	无显示	00H	FFH
8	6FH	80H			

二、数码管动态显示电路的原理

在单片机应用系统中，数码管显示器的显示方式分为静态显示和动态扫描显示。

- 静态显示：是指当显示器显示某个字符时，相应段的发光二极管处于恒定的导通和截止状态，直到需要显示另一个字符为止。静态显示方式下，数码管的亮度高，编程比较容易，但是占用比较多的I/O口资源，因此常用于显示位数不多的情况。
- 动态扫描显示：就是用分时的方法轮流控制各个显示器的公共端，使各个显示器轮流点亮。在轮流点亮扫描过程中，每位显示器的点亮时间极为短暂，由于人的视觉残留现象和二极管的余辉效应，给人的印象就是一组稳定的显示数据。

本教材附录的“YL－236 显示模块－2”是8位数码管动态显示电路原理图。8位数码管均为共阳极，U9（74LS377）控制段选线，U10（74LS377）控制位选线。

由于各位数码管的段选线并联，段选码的输出对各位来说都是相同的，因此同一时刻，如果各位位选线都处于选通状态，8位LED将显示相同的字符。若在某时刻，只让某一位的位选线处于选通状态，同时段选线上输出相应的段选码，而其他各位的位选线处于关闭状态，这样8位数码管中只有选通的那一位显示出字符，而其他7位则是熄灭的；在下一时刻，只让下一位的位选线处于选通状态，同时在段选线上输出相应的段选码，而其他各位的位选线处于关闭状态，则只有选通位显示出相应字符，其他各位熄灭；如此循环下去，就可以显示各位字符。

三、74LS377 芯片介绍

74LS377是八D锁存器，其引脚如图2-28所示。在74LS377片选CE为低电平时，选中该芯片，在CP为上升沿时能把输入信号锁入芯片中。表2-5为74LS377的真值表。

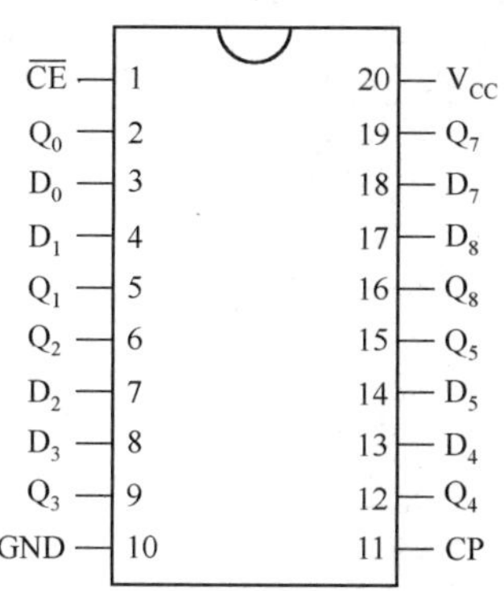

图2-28　74LS377的引脚图

表2-5　74LS377的真值表

操作模式 Operating Mode	输入 Inputs			输出 Outputs
	CP	$\overline{CE}$	D_n	Q_n
Load ‘1’	↗	L	H	H
Load ‘0’	↗	L	L	L
Hold（Do Nothing）	↗	H	X	No Change
	X	H	X	No Change

四、任务 2-2-1 的实现

1. 硬件电路的设计

本任务需要使用 YL－236 装置中的三个模块：MCU01 主机模块、MCU02 电源模块、MCU04 显示模块。模块接线图如图 2-29 所示。

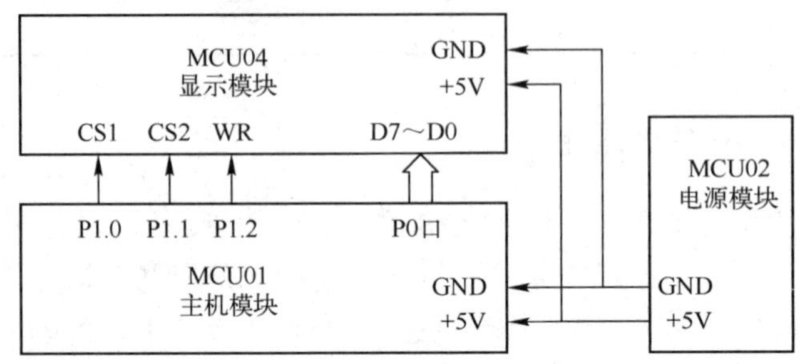

图 2-29　8 位数码管显示的模块接线图

2. 任务 2-2-1 的程序设计

根据前面介绍数码管动态显示的相关知识，编写数码管的驱动程序，基本函数如下。

（1）写段码函数：void writeDuan（uchar x）

（2）写位码函数：void writeWei（uchar x）

（3）8 位数码管动态扫描显示函数：void display( )

任务 2-2-1 的程序流程图如图 2-30 所示。

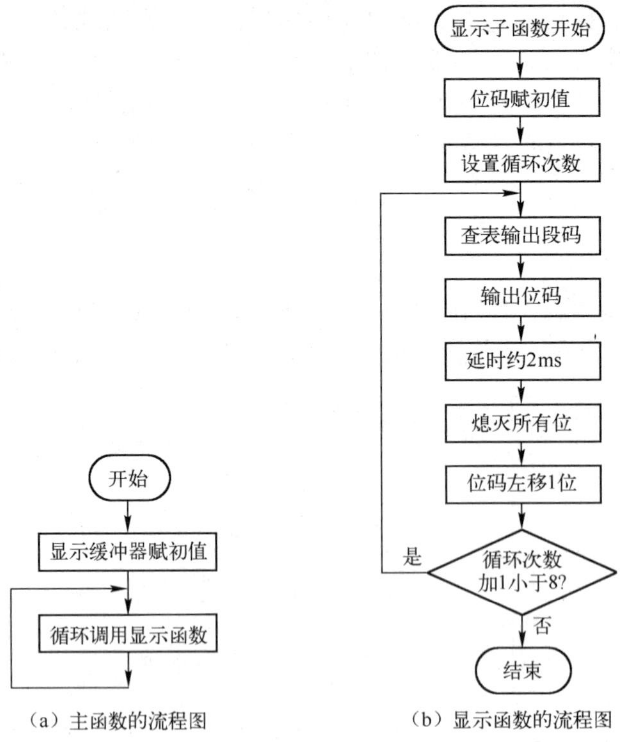

图 2-30　数码管动态显示的程序流程图

任务 2-2-1 的程序清单：

```
#include <at89x52.h>                  //包含 89x52 头文件
#include <intrins.h>                  //包含 intrins 头文件
#define uint unsigned int             //无符号整型定义
#define uchar unsigned char           //无符号字符型定义
#define out0 P0                       //定义 out0 为 P0 口

sbit LED_CS1 = P1^0;                  //产生数码管段选的 74LS377 片选端
sbit LED_CS2 = P1^1;                  //产生数码管位选的 74LS377 片选端
sbit LED_WR = P1^2;                   //2 片 74LS377 的写信号端

uchar a[8];                           // 8 位数码管显示缓冲区
uchar code TAB[] = {                  //共阳极数码管字模表(段码表)
    0xc0,0xf9,0xa4,0xb0,0x99,0x92,0x82,0xf8,0x80,0x90,     //0123456789
    0x88,0x83,0xc6,0xa1,0x86,0x8e,                         //abcdef
    0xff,0xbf                                              //熄灭 —
};

void delayms(uint x)                    //函数省略，请参考任务 2-1-2

void writeDuan(uchar x)                 //写段码函数
{
    out0 = x;                           //段码
    _nop_();                            //延时 1 个机器周期

    LED_CS1 = 0;                        //数码管段选 74LS377 片选有效
    LED_WR = 0;                         //74LS377 写信号为 0
    _nop_();
    LED_WR = 1;                         //上升沿信号，74LS377 锁存数据
    LED_CS1 = 1;                        //数码管段选 74LS377 片选无效
}

void writeWei(uchar x)                  //写位码函数
{
    out0 = x;                           //位码
    _nop_();

    LED_CS2 = 0;                        //数码管位选 74LS377 片选有效
    LED_WR = 0;                         //74LS377 写信号为 0
    _nop_();
    LED_WR = 1;                         //上升沿信号，74LS377 锁存数据
    LED_CS2 = 1;                        //数码管位选 74LS377 片选无效
```

```
}
void display()                          //显示函数(八位扫描方式)
{
    uchar i;
    uchar wei = 0xfe;                   //位码赋初值，选中第 1 个数码管

    for(i = 0;i < 8;i ++ )
    {
        writeDuan(TAB[a[i]]);           //根据显示缓冲区内容查 TAB 数组字模
        writeWei(wei);                  //在相应的位显示
        delayms(2);                     //显示约 2ms 时间

        writeWei(0xff);                 //熄灭所有位，消除重影
        wei = (wei << 1) |0x01;         //选中下一个数码管
    }
}

void main()                             //主函数
{
    uchar i;
    for(i = 0;i < 8;i ++ )              //给显示缓冲区赋值为 01234567
    a[i] = i;

    while(1)                            //循环显示
    display();
}
```

【知识链接四】C51 的运算符

C 语言中，除了控制语句和基本输入、输出以外，几乎所有的基本操作都作为运算符来处理。例如，“=”为赋值运算符，“[]”为下标运算符。C 语言的运算符见知识链接表 2-2。

知识链接表 2-2　C 语言的运算符

名　称	符　号
算术运算符	+ − * / %
关系运算符	> < >= <= == !=
逻辑运算符	! && ‖
位运算符	>> << ~ | ∧ &
赋值运算符	= 及其扩展赋值运算符
条件运算符	? :
逗号运算符	,
指针运算符	* &

续表

名　称	符　号
求字节运算符	sizeof
强制类型转换运算符	（类型）
分量运算符	.　→
下标运算符	[ ]
其他	如函数调用运算符（）等

本次知识链接主要介绍算术运算符、赋值运算符、关系运算符、逻辑运算符、位运算符，其他内容将在用到时陆续介绍。

一、算术运算符

1. 基本算术运算符功能介绍（见知识链接表2-3）

知识链接表2-3　基本运算符功能

符　号	功　能
+	加法运算符或正值运算符，如3 +6、+3
-	减法运算符或负值运算符，如3 -6、-6
*	乘法运算符，如3 * 5
/	除法运算符，如3/5
%	取模运算符，或称为求余运算符，% 两侧均应为整型数据，如7%3 的值为1

2. 自增、自减运算符

作用是使变量的值增1或减1，例如：

- ++*i*，--*i*　在使用*i*之前，先使*i*加（减）1；
- *i*++，*i*--　在使用*i*之后，使*i*的值加（减）1。

二、赋值运算符

赋值符号“=”就是赋值运算符，它将一个数据赋值给一个变量。例如“a =3”的作用是执行一次赋值操作（或称赋值运算），即把常量3赋给变量a。也可以将一个表达式的值赋给一个变量，例如，a =3 +5。

三、关系运算符和关系表达式

关系运算实际上是将两个值做比较，判断其比较的结果是否符合给定的条件。关系运算的结果只有2种可能，即“真”或“假”。例如，3 >2 的结果为真，而3 <2 的结果为假。

1. C语言共提供6种关系运算符（见知识链接表2-4）

知识链接表2-4　关系运算符符功能介绍

符　号	功　能	优 先 级
<	小于	优先级相同（高）
< =	小于等于	
>	大于	
> =	大于等于	

续表

符　　号	功　　能	优　先　级
= =	等于	优先级相同（低）
! =	不等于	

2. 关系表达式

将两个表达式连接起来的式子，称为关系表达式。例如：a > b，a + b > b + c，(a = 3) >= (b = 5) 等都是合法的关系表达式。

四、逻辑运算符和逻辑表达式

1. C 语言提供了三种逻辑运算符

① &&：逻辑与。

② ‖：逻辑或。

③ !：逻辑非。

C 语言编译系统在给出逻辑运算的结果时，用“1”表示真，用“0”表示假；但是在判断一个量是否是“真”时，以 0 表示“假”，而以非 0 表示“真”，这一点务必要注意。

五、位运算符及其表达式

C 语言提供的位运算符见知识链接表 2-5。

知识链接表 2-5　位运算符功能介绍

运　算　符	含　　义	运　算　符	含　　义
&	按位与	~	取反
|	按位或	<<	左移
∧	按位异或	>>	右移

1. 说明

(1) 位运算符中除“~”以外，均为二目运算符，即要求位运算符两侧各有一个运算量。

(2) 运算量只能是整型或字符型的数据，不能为浮点型数据。

2. 应注意的运算符

(1) 将一个二进制位全部同时左移若干位，高位左移后溢出，舍弃；低位补零。

(2) 将一个二进制位全部同时右移若干位，低位舍弃；高位补零。

2.2.4　任务 2-2-2　实现电子秒表

一、任务要求

使用 YL－236 装置的显示模块中的数码管显示器，模拟一个电子秒表。

具体要求：右边三位数码管能实现 0 ~ 999s 的循环计数。当秒数值计满 999，秒数值清零，然后反复循环。

二、任务 2-2-2 的实施

1. 硬件电路的设计

硬件电路的设计与任务 2-2-1 相同。

2. 程序的设计

软件延时计时主要通过循环语句来实现。确定循环的次数非常关键。

设置循环次数为 58 次，由于每位数码管延时 2 × 12/11.0592ms，58 次调用显示函数所花时间为 $58 \times 8 \times 2 \times 12/11.0592 = 1006.9$ms，接近 1s。

任务 2-2-2 的程序流程图如图 2-31 所示。

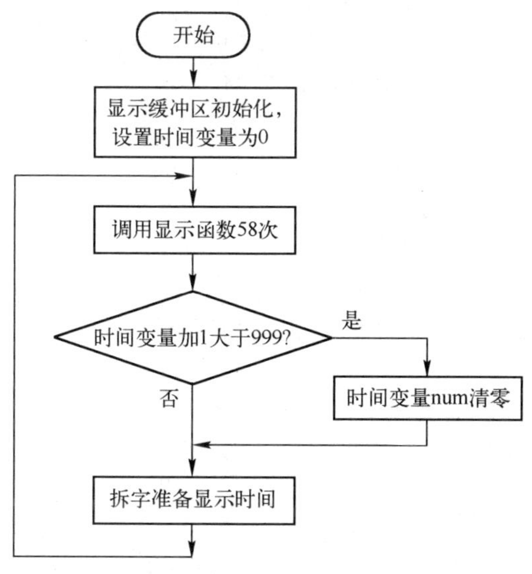

图 2-31　软件延时计时电子秒表的程序流程图

任务 2-2-2 的程序清单

```
/***************有关文件包含、定义略去,参见任务 2-2-1 **********************/

void main()                          //主函数
{
    uchar i;
    uint num;

    for(i=3;i<8;i++)                 //给部分显示缓冲区赋值，熄灭字符
    a[i]=16;

    num=0;                           //从 0 开始计时
    a[2]=0;                          //显示时间的百位
```

```
    a[1] =0;               //显示时间的十位
    a[0] =0;               //显示时间的个位

    while(1)               //循环显示
    {
        for(i =0;i <58;i ++)
        display();

        num ++;
        if(num >999)       //计时范围 0 ~999s
        num =0;

        a[2] = num/100;    //显示时间的百位
        a[1] = num/10%10;  //显示时间的十位
        a[0] = num%10;     //显示时间的个位
    }
}
```

【知识链接五】C 程序的流程与控制

一、程序的三种基本结构

从程序流程的角度来看，程序可以分为三种基本结构，即顺序结构、分支结构（选择结构）、循环结构（重复结构）。这三种基本结构可以组成所有的复杂程序。C 语言提供了多种语句来实现这些程序结构。

二、实现分支结构的语句

分支结构的流程图如知识链接图 2-3 所示。

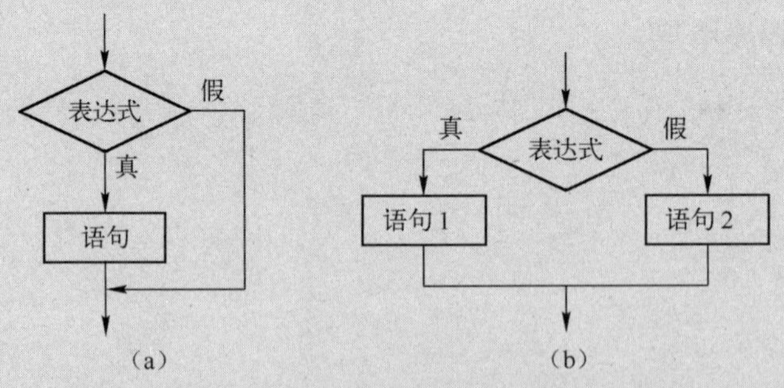

知识链接图 2-3

1. if（表达式）语句

如果表达式的结果为真，则执行语句，否则不执行。这种 if 语句的执行过程如知识链接图 2-3（a）所示。例：if(x >0) y =3;

2. if（表达式）语句 1 else 语句 2

如果表达式的结果为真，则执行语句 1，否则执行语句 2。这种 if 语句的执行过程如知识链接图 2-3（b）所示。

例：

```
if(x>0) y=3;
else y=x+1;
```

3. if（表达式 1）　　　语句 1
else if（表达式 2）　　语句 2
else if（表达式 3）　　语句 3
…
else if（表达式 m）　　语句 m
else 语句 n

这种 if 语句的执行过程如知识链接图 2-4 所示。

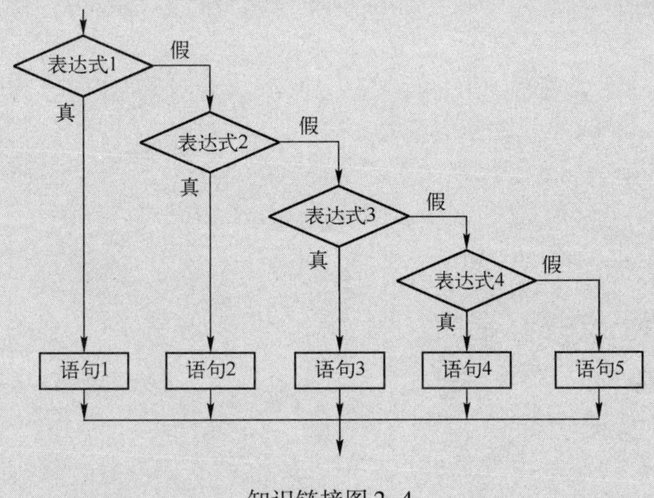

知识链接图 2-4

4. switch 语句

当程序中有多个分支时，可以使用 if 语句嵌套实现，但是当分支较多时，则嵌套的层数过多，程序冗长而且可读性降低。C 语言提供了 switch 语句直接处理多分支选择。switch 语句的一般形式如下。

```
switch(表达式)
{
    case 常量表达式 1:语句 1; [break;]
    case 常量表达式 2:语句 2; [break;]
    ……
    case 常量表达式 n:语句 n; [break;]
    default:语句 n+1; [break;]
}
```

switch 语句实现选择的过程如知识链接图 2-5 所示。需要说明的是：

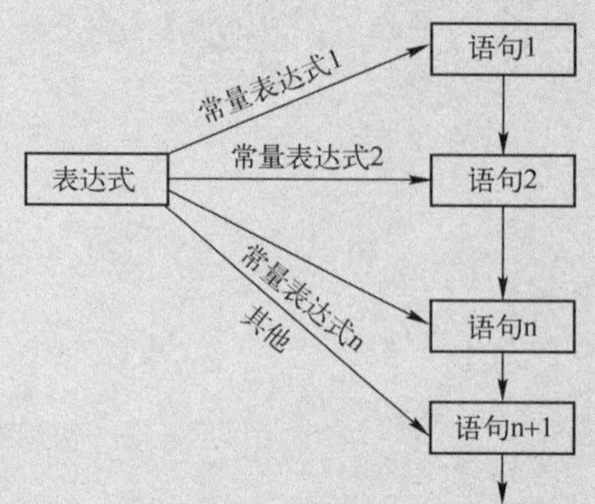

知识链接图 2-5

（1）switch 后面括号内的“表达式”，ANSI 标准允许它为任何类型。

（2）当表达式的值与某一个 case 后面的常量表达式的值相等时，就执行此 case 后面的语句，若所有 case 中的常量表达式的值都不能与表达式值相匹配，就执行 default 后面的语句。

（3）每一个 case 的常量表达式的值必须不相同，否则就会出现互相矛盾的现象（即对表达式的同一个值，有两种或多种执行方案）。

（4）各个 case 和 default 的出现次序不影响执行结果。

（5）执行完一个 case 后面的语句后，若没有 break 语句，程序并不会自动跳出 switch 语句，而是继续执行其后面的语句。

三、实现循环结构的语句

在一个实用的程序中，循环结构是必不可少的。循环是反复执行某一部分程序的操作。循环结构有两类：

（1）当型循环，即当给定的条件成立时，执行循环体部分，执行完毕后再次判断条件，如果条件成立继续循环，否则退出循环；

（2）直到型循环，即先执行循环体，然后判断给定的条件，只要条件成立就继续循环，直到判断出给定的条件不成立时退出循环。

这两种循环结构如知识链接图 2-6 所示。

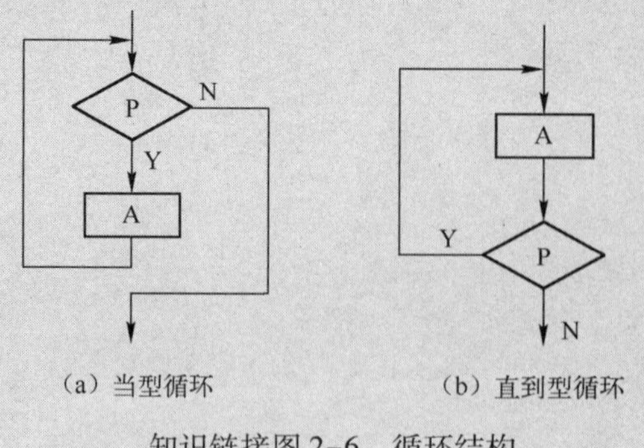

知识链接图 2-6　循环结构

1. while 语句

while 语句用来实现“当型”循环结构，其一般形式如下：

```
while(表达式) 语句
```

当表达式为非 0 值（真）时，执行 while 语句中的内嵌语句。其特点是先判断表达式，后执行语句。

2. do-while 语句

do-while 语句用来实现“直到型”循环结构，其一般形式如下：

```
do  循环体语句
while(表达式)
```

当表达式为非 0 值（真）时，执行 while 语句中的内嵌语句。其特点是先执行循环体，然后判断循环条件是否成立。

3. for 语句

C 语言中的 for 语句使用最为灵活，不仅可以用于循环次数已经确定的情况，而且可以用于循环次数不确定而只给出循环结束条件的情况，它完全可以代替 while 语句。

for 语句的一般形式为：

```
for(表达式 1;表达式 2;表达式 3)语句
```

它的执行过程是：

（1）求解表达式 1。

（2）求解表达式 2，如果其值为真，则执行 for 语句中指定的内嵌语句（循环体），然后执行第（3）步；如果为假（值为 0），则结束循环。

（3）求解表达式 3。

（4）转回第（2）步继续执行。

for 语句典型的应用是这样一种形式：

for（循环变量初值；循环条件；循环变量增值）语句

4. break 语句和 continue 语句

（1）break 语句

在一个循环程序中，可以通过循环语句中的表达式来控制循环程序是否结束，除此之外，还可以通过 break 语句强行退出循环结构。其执行过程如知识链接图 2-7（a）所示。

（2）continue 语句

该语句的用途是结束本次循环，即跳过循环体中下面的语句，接着进行下一次是否执行循环的判定。其执行过程如知识链接图 2-7（b）所示。

continue 语句和 break 语句的区别是：continue 语句只结束本次循环，而不是终止整个循环的执行；而 break 语句则是结束整个循环过程，不会再去判断循环条件是否满足。

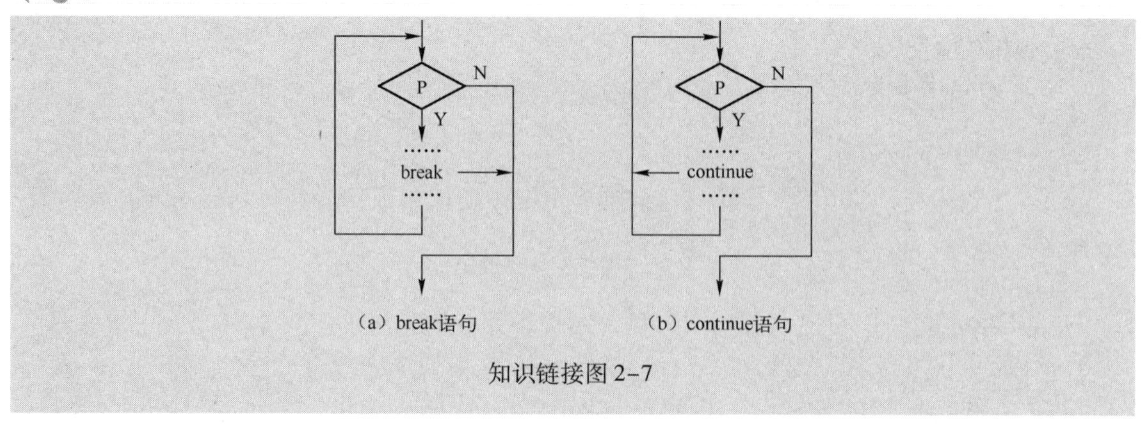

知识链接图 2-7

项目2.3　电　子　钟

2.3.1　项目描述

本项目需要使用字符型液晶显示模块 RTC1602 完成下列任务。

任务 2-3-1：用字符型液晶显示模块 RTC1602 显示“Welcome!”。

任务 2-3-2：利用 C51 单片机的定时器中断功能，结合 RTC1602 编写程序，制作一个简易电子钟。

2.3.2　项目分析

通过上面的项目描述，实现本项目需要完成两方面的工作。

① 硬件电路设计：单片机的 I/O 口与 RTC1602 连接，构成模拟操作时序的接口电路。

② 程序的设计：编写字符型液晶显示模块 RTC1602 的接口驱动程序和显示数字、英文等字符的程序，以及中断初始化和服务函数程序。

2.3.3　任务 2-3-1　用字符型液晶显示模块 RTC1602 显示“Welcome!”

一、字符型液晶显示模块 RTC1602 概述

字符型液晶显示模块 RTC1602 是专门用于显示字母、数字、符号等的点阵型液晶显示模块。RTC1602 能够显示两行，每行可以显示 16 个字符。

MCU04 显示模块中的 RTC1602 模块的照片如图 2-32 所示，其电路原理图参考附录。

二、字符型液晶显示模块 RTC1602 主要硬件构成说明

字符型液晶显示模块 RTC1602 内部主要由 LCD 显示屏、控制器、驱动器和偏压产生电路构成。如图 2-33 所示为 RTC1602 的结构框图。

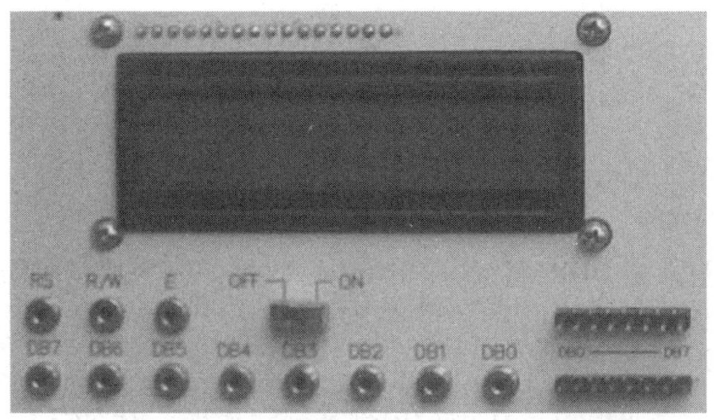

图 2-32　MCU04 显示模块中的 RTC1602 模块

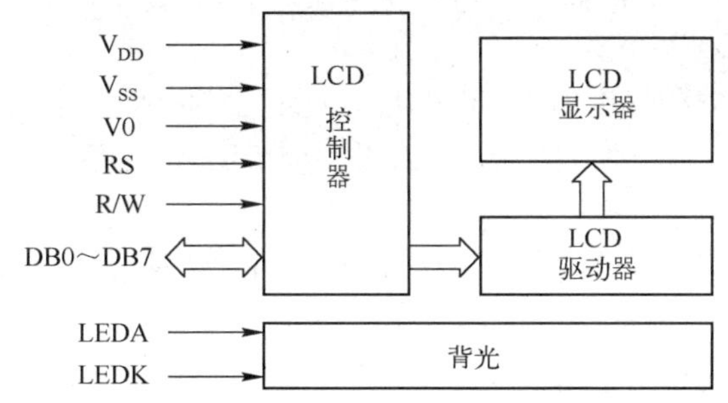

图 2-33　RTC1602 结构图

字符型液晶显示模块 RTC1602 的接口定义见表 2-5。

表 2-5　RTC1602 模块的接口定义

管　脚　号	管 脚 名 称	方　　向	管脚功能描述
1	V_{SS}	—	电源地（0V）
2	V_{DD}	—	模块电源正极（+5V）
3	V0	—	对比度调节端
4	RS	I	数据/指令寄存器选择端 RS=0：选择指令 RS=1：选择数据
5	R/W	I	读写选择端 R/W=0：写操作；R/W=1：读操作
6	E	I	使能端
7	DB0	I/O	数据线
8	DB1	I/O	数据线
9	DB2	I/O	数据线
10	DB3	I/O	数据线
11	DB4	I/O	数据线
12	DB5	I/O	数据线
13	DB6	I/O	数据线
14	DB7	I/O	数据线
15	LEDA	—	LED 背光源正极（+5V）
16	LEDK	—	LED 背光源负极（0V）

三、RTC1602 的控制寄存器

1. 指令寄存器（IR）

指令寄存器存储单片机要发送给 LCD 的指令码。

2. 数据寄存器（DR）

数据寄存器存储写入到 DDRAM 或 CGRAM 的数据，或者要从 DDRAM 或 CGRAM 读出的数据。

3. 忙标志（BF）

忙标志 BF = 1 时，表明模块正在进行内部操作，此时不接受任何外部指令和数据。每次操作之前最好先进行状态字检测，只有确认 BF = 0 之后，单片机才能访问模块。

4. 地址计数器（AC）

地址计数器是 DDRAM 或者 CGRAM 的地址指针。随着 IR 中指令码的写入，指令码中携带的地址信息自动送入 AC 中，并做出 AC 作为 DDRAM 的地址指针还是 CGRAM 的地址指针的选择。

AC 具有自动加 1 或者减 1 的功能。当 DR 与 DDRAM 或者 CGRAM 之间完成一次数据传送后，AC 会自动加 1 或减 1。

5. 显示数据寄存器（DDRAM）

显示数据寄存器存储显示字符的字符码，能存储 80 个字符。

6. 字符产生器 ROM（CGROM）

字符产生器存储了 192 个 5 ×7 点阵字符和 32 种 5 ×10 点阵字符，每个字符分别与 8 位字符编码对应，对应关系（内置字符集）如图 2-34 所示。例如，查表可知大写的英文字母“P”对应的 8 位字符编码为 01010000B（0x50），显示时将地址为 0x50 单元中的点阵字符图形显示出来，这样就形成了“P”的图形。

7. 字符产生器 RAM（CGRAM）

根据实际的需要，用户可以存储特殊的字符码。

四、RTC1602 的指令系统

单片机是通过控制 HD44780 来控制 RTC1602 进行显示的。控制指令有 9 种，各种指令的格式及功能说明见表 2-6。

表 2-6 RTC1602 指令表

命令	RS	R/W	DB7	DB6	DB5	DB4	DB3	DB2	DB1	DB0	功能
清屏	0	0	0	0	0	0	0	0	0	1	清除屏幕显示内容
归位	0	0	0	0	0	0	0	0	1	*	将光标及光标所在位的字符回原点
设置输入模式	0	0	0	0	0	0	0	1	I/D	S	设置光标、显示画面移动方向
显示开关控制	0	0	0	0	1	1	1	D	B	C	设置显示、光标、光标闪烁的开关
设置显示模式	0	0	0	0	1	1	1	0	0	0	设置显示为 16 ×2，5 ×7 的点阵，8 位数据总线

续表

命　令	RS	R/W	DB7	DB6	DB5	DB4	DB3	DB2	DB1	DB0	功　　能
设置数据指针	0	0	80H + 地址码（第一行：0 ~ 27H；第二行：40 ~ 67H）								设置数据指针
读忙标志 BF	0	1	BF	AC6	AC5	AC4	AC3	AC2	AC1	AC0	指示液晶屏的工作状态
写数据	1	0	数据								往 DDRAM 中写数据
读数据	1	1	数据								从 DDRAM 中读数据

Higher 4 bits / Lower 4 bit	0000	0010	0011	0100	0101	0110	0111	1010	1011	1100	1101	1110	1111
××××0000	CG RAM (1)		0	@	P	`	p		ー	タ	ミ	α	p
××××0001	(2)	!	1	A	Q	a	q	。	ア	チ	ム	ä	q
××××0010	(3)	"	2	B	R	b	r	「	イ	ツ	メ	β	θ
××××0011	(4)	#	3	C	S	c	s	」	ウ	テ	モ	ε	∞
××××0100	(5)	$	4	D	T	d	t	、	エ	ト	ヤ	μ	Ω
××××0101	(6)	%	5	E	U	e	u	・	オ	ナ	ユ	σ	ü
××××0110	(7)	&	6	F	V	f	v	ヲ	カ	ニ	ヨ	ρ	Σ
××××0111	(8)	'	7	G	W	g	w	ァ	キ	ヌ	ラ	g	π
××××1000	(1)	(	8	H	X	h	x	ィ	ク	ネ	リ	√	x̄
××××1001	(2)	)	9	I	Y	i	y	ゥ	ケ	ノ	ル	⁻¹	y
××××1010	(3)	*	:	J	Z	j	z	ェ	コ	ハ	レ	j	千
××××1011	(4)	+	;	K	[	k	{	ォ	サ	ヒ	ロ	ˣ	万
××××1100	(5)	,	<	L	¥	l	|	ャ	シ	フ	ワ	¢	円
××××1101	(6)	-	=	M	]	m	}	ュ	ス	ヘ	ン	£	÷
××××1110	(7)	.	>	N	^	n	→	ョ	セ	ホ	゛	ñ	
××××1111	(8)	/	?	O	_	o	←	ッ	ソ	マ	゜	ö	█

图 2-34　CGROM 字符编码与字符关系对照图

指令说明：

（1）清屏

命令	RS	R/W	DB7	DB6	DB5	DB4	DB3	DB2	DB1	DB0
清屏	0	0	0	0	0	0	0	0	0	1

功能描述：清除显示屏所有的内容，光标回到原点。

（2）归位

命令	RS	R/W	DB7	DB6	DB5	DB4	DB3	DB2	DB1	DB0
归位	0	0	0	0	0	0	0	0	1	*

功能描述：清地址计数器 AC =0；将光标及光标所在位的字符回原点；但 DDRAM 中的内容并不改变

（3）设置输入模式

命令	RS	R/W	DB7	DB6	DB5	DB4	DB3	DB2	DB1	DB0
设置输入模式	0	0	0	0	0	0	0	1	I/D	S

功能描述：设置光标、显示画面移动方向。

I/D：地址指针 AC 变化方向标志。

- I/D =1 时，读写一个字符后，地址计数器 AC 自动加 1；
- I/D =0 时，读写一个字符后，地址计数器 AC 自动减 1。

S：显示移位标志。

- S =1 时，写入一个字符后全部显示往左（I/D =1）移动或者往右（I/D =0）移动；
- S =0 时，写一个字符显示不发生位移。

（4）显示开关控制

命令	RS	R/W	DB7	DB6	DB5	DB4	DB3	DB2	DB1	DB0
显示开关控制	0	0	0	0	0	0	1	D	C	B

功能描述：设置光标、显示画面移动方向。

D：显示开/关控制标志。D =1，开显示；D =0，关显示。

关显示后，显示数据仍保持在 DDRAM 中，立即开显示可以再现。

C：光标显示控制标志。C =1，显示光标；C =0，不显示光标。

不显示光标并不影响模块其他显示功能。

B：闪烁显示控制标志。B =1，光标闪烁；B =0，光标不闪烁。

（5）设置显示模式

命令	RS	R/W	DB7	DB6	DB5	DB4	DB3	DB2	DB1	DB0
设置显示模式	0	0	0	0	1	1	1	0	0	0

功能描述：设置模块的显示方式。在本教材后面的项目中固定显示模式为 16 ×2、5 ×7 的点阵，8 位数据总线。

（6）设置数据指针

命令	RS	R/W	DB7	DB6	DB5	DB4	DB3	DB2	DB1	DB0
设置数据指针	0	0	80H + 地址码（第一行：0 ~27H；第二行：40 ~67H）							

功能描述：设置 DDRAM 地址指针。它将 DDRAM 存储显示字符的字符码的首地址送入地址计数器 AC 中，于是显示字符的字符码就可以写入 DDRAM 中或者从 DDRAM 中读出。RTC1602 有两行，每行有 40 个地址，我们只取前 16 个就行了。要想在正确的位置显示字符，必须在地址前加上 80H。例如我们要在 DDRAM 的 01H 地址处显示字符“A”，那么地址数据为 80H ＋01H，即 81H。往 81H 中写入数据 0x41H（A 的代码），这样就能在 DDRAM 的 01H 处显示字符“A”。

（7）读忙标志 BF

命令	RS	R/W	DB7	DB6	DB5	DB4	DB3	DB2	DB1	DB0
读忙标志 BF	0	1	BF	AC6	AC5	AC4	AC3	AC2	AC1	AC0

功能描述：当 RS＝0 和 R/W＝1 时，在 E 信号高电平的作用下，BF 和 AC6～AC0 被读到数据总线 DB7～DB0 的相应位，通过 BF 的值来判断模块的工作状态。

BF：内部操作忙标志。BF＝1，表示模块正在进行内部操作，此时模块不接收任何外部指令和数据，直到 BF＝0 为止。

（8）写数据

命令	RS	R/W	DB7	DB6	DB5	DB4	DB3	DB2	DB1	DB0
设置数据指针	1	0	数据							

功能描述：写数据到 DDRAM 中。

（9）读数据

命令	RS	R/W	DB7	DB6	DB5	DB4	DB3	DB2	DB1	DB0
设置数据指针	1	1	数据							

功能描述：从 DDRAM 中读取数据。

五、RTC1602 的读写操作时序

1. 写操作时序图

从图 2-35 中可看出，对 RTC1602 的写操作过程为：R/W 端为 0；RS 端根据写指令或写数据，分别设置为 0、1；单片机准备好数据 DB0～DB7 后，在 E 端产生下降沿，RTC1602 锁定数据。

2. 读操作时序图

从图 2-36 中可看出，对 RTC1602 读操作过程为：R/W 端为 1；RS 端根据读状态或读数据，分别设置为 0、1；E 端变为 1，RTC1602 输出数据，单片机可读取数据 DB0～DB7；E 端变为 0，此后数据输出无效。

六、任务 2-3-1 的实施

1. 硬件电路的设计

本任务需要使用 YL－236 装置中的三个模块：MCU01 主机模块、MCU02 电源模块、

MCU04 显示模块，模块接线图如图 2-37 所示。

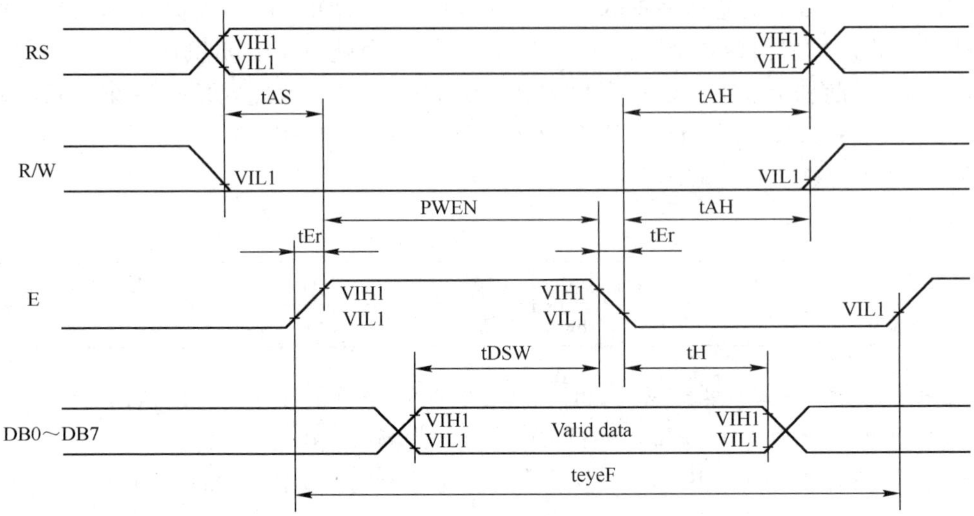

图 2-35　RTC1602 的写操作时序图

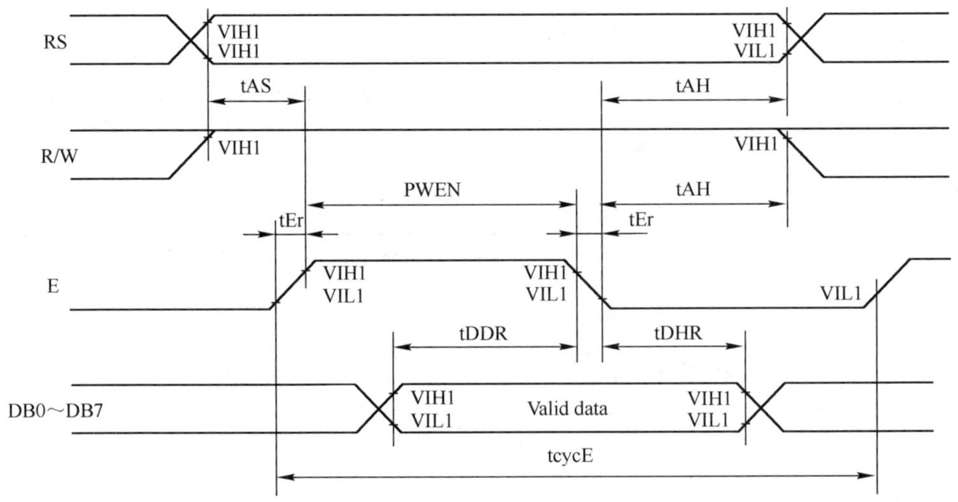

图 2-36　RTC1602 的读操作时序图

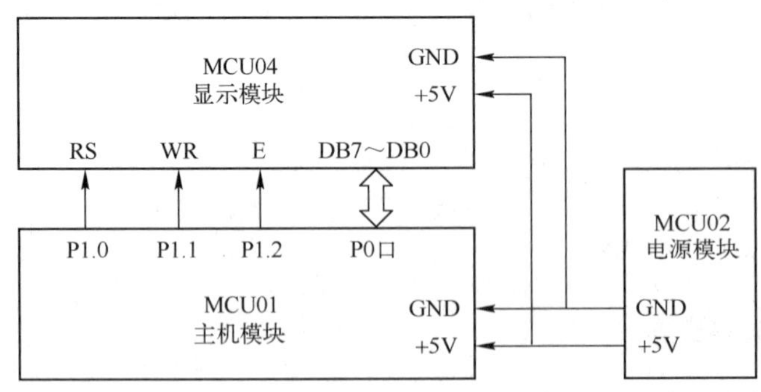

图 2-37　任务 2-3-1 的模块接线图

2. RTC1602 的基本 C51 函数及显示界面程序设计

根据前面介绍 RTC1602 的相关指令以及读写时序图，编写 RTC1602 的驱动函数如下。

（1） void busy( )

读函数用于读取 RTC1602 状态，“忙” 就继续读状态，“闲” 就执行后面的命令。

（2） void writeData （unsigned char x ）

读函数用于向 RTC1602 写入数据。

（3） void writeOrder （unsigned char x）

读函数用于向 RTC1602 发送命令。

（4） void init16024 ( )

读函数用于初始化 RTC1602。

（5） void writeByte （unsigned char x， y， dod）

读函数用于写入要显示的一个字符数据。x 为字符所在行数 （0 或 1）；y 为字符所在行的起始地址；dod 为要显示的字符数据。

（6） void writeString(unsigned char x,y,unsigned char code ＊p)

读函数用于写入要显示的字符串。x 为字符所在行数 （0 或 1）；y 为字符所在行的起始地址；p 为字符串数组的起始地址。

任务 2-3-1 的程序流程图如图 2-38 所示。

开始

初始化RTC1602

调用显示字符串和字符函数

结束

图 2-38　任务 2-3-1 程序流程图

任务 2-3-1 的程序清单：

```
#include < at89x52. h >              //包含 89x52 头文件
#include < intrins. h >              //包含 intrins 头文件
#define uint unsigned int            //无符号整型定义
#define uchar unsigned char          //无符号字符型定义
#define out0 P0                      //定义 out0 为 P0 口

sbit RS_1602 = P1^0;                 //RTC1602 数据(1)/指令(0)选择端
sbit WR_1602 = P1^1;                 //RTC1602 读(1)/写(0)信号选择端
sbit E_1602 = P1^2;                  //TRC1602 使能端

void delayms(uint x)                 //函数省略，请参考任务 2-1-2

void busy( )                         //判断是否忙
{
    uchar mang;                      //忙变量
    E_1602 =0;                       //使能端无效
    RS_1602 =0;                      //指令
    WR_1602 =1;                      //读操作
    do
    {
        out0 =0xff;                  //读 P0 前，先写入 8 个 1
        E_1602 =1;                   //使能端有效
```

```
            _nop_();                    //等待一段时间让信号稳定后再读
            mang = out0;                //把 P0 的数据给忙变量
            E_1602 = 0;                 //使能端无效
        }while(mang&0x80);              //若不忙则退出循环
}

void writeData(uchar x)                 //写数据
{
        busy();                         //读忙
        out0 = x;                       //将 x 写到 P0 口
        _nop_();
        RS_1602 = 1;                    //数据
        WR_1602 = 0;                    //写操作

        E_1602 = 1;                     //使能端有效
        _nop_();
        E_1602 = 0;                     //使能端无效
        WR_1602 = 1;
}
void writeOrder(uchar x)                //写指令
{
        busy();
        out0 = x;
        _nop_();
        RS_1602 = 0;                    //指令
        WR_1602 = 0;                    //写操作

        E_1602 = 1;                     //使能端有效
        _nop_();
        E_1602 = 0;                     //使能端无效
        WR_1602 = 1;
}

void init1602()                         //初始化 1602
{
        writeOrder(0x38);               //8 位数据宽度，两行字符显示，5×7 点阵
        delayms(5);                     //延时 5ms
        writeOrder(0x38);               //多次操作，确保命令有效
        delayms(5);
        writeOrder(0x38);
        writeOrder(0x08);               //关显示，不显示光标，光标不闪烁
        writeOrder(0x01);               //清屏
        writeOrder(0x06);               //完成一个字符码传送后，光标右移
```

```
    writeOrder(0x0c);                    //开显示不显示光标
}

void writeByte(uchar x,y,dod)            //写一个字节
{
    x& =0x01;                            //x ==0, 第 0 行显示; x ==1, 第 1 行显示
    //y& =0x0f;                          //将显示范围定在 0 ~15 之间
    if(x ==1)                            //如果在第一行显示
    y| =0x40;                            //第一行的 y 的起始地址为 0x40
    y| =0x80;                            //说明是对 DDRAM 操作
    writeOrder(y);                       //将 y 地址写入 1602 中
    writeData(dod);                      //将要显示的数据写入 1602 中
}

void writeString(uchar x,y,uchar code *p) //写一个字符串
{
    uchar i =0;
    x& =0x01;
    //y& =0x0f;
    if(x ==1)
    y| =0x40;
    y| =0x80;
    writeOrder(y);
    while(p[i] >0)                       //判断指针所指向的字符串是否已显示完
    writeData(p[i ++]);                  //显示一个字符,并让指针指向下一个字符

}

void main()                              //主函数
{
    init1602();                          //初始化 1602
    writeString(0,4,"Welcome!");         //在第 0 行第 4 位显示字符串"Welcome!"
    writeByte(1,0,'Q');                  //在第 1 行第 0 位显示字符 'Q'
    writeByte(1,1,0x51);                 //在第 1 行第 1 位显示字符 'Q',这里直接将 Q
                                         //的 ASCII 码写入 1602 中
    writeByte(1,2,':');
    writeByte(1,3,'1');
    writeByte(1,4,'2');
    writeByte(1,5,'3');
    writeByte(1,6,'4');
    writeByte(1,7,'5');
    writeByte(1,8,'6');
    writeByte(1,9,'7');
```

```
        writeByte(1,10,'8');
        writeByte(1,11,'9');
        while(1);                        //死循环
}
```

【知识链接六】C 语言函数的相关知识

一个较大的单片机应用程序一般应分为若干个程序模块，每一个程序模块用来实现一个特定的功能。所有的高级语言都有子程序这个概念，用子程序实现模块的功能。在 C 语言中子程序的作用是由函数来完成的。一个 C 程序可由一个主函数和若干个其他函数构成，由一个主函数调用其他函数，其他函数也可以互相调用。同一个函数可以被一个或多个函数调用任意多次。

任何函数都是平行的，即在定义函数时是分别进行、互相独立的。一个函数并不从属于另一个函数，即函数不能嵌套定义。函数可以互相调用，但 main 函数不能被其他函数调用。

一、函数定义的一般形式

函数定义的一般形式为：

类型标识符 函数名（［形参数说明表列］）

```
{ 说明部分
  语句
}
```

“类型标识符”指定函数返回值的类型，若无返回值，可用 void 定义无类型；若有返回值，则指定其数据类型。

“形式参数”是该函数的输入源数据，也可为空。

二、函数参数和函数的返回值

1. 形式参数和实际参数

在调用函数时，若主调函数和被调函数之间有数据传递关系，在定义函数时函数名后面括号中的变量名称为“形式参数”（下面简称形参）；在主调函数中调用一个函数时，函数名后面括号中的参数（也可以是一个表达式）为“实际参数”（下面简称实参）。

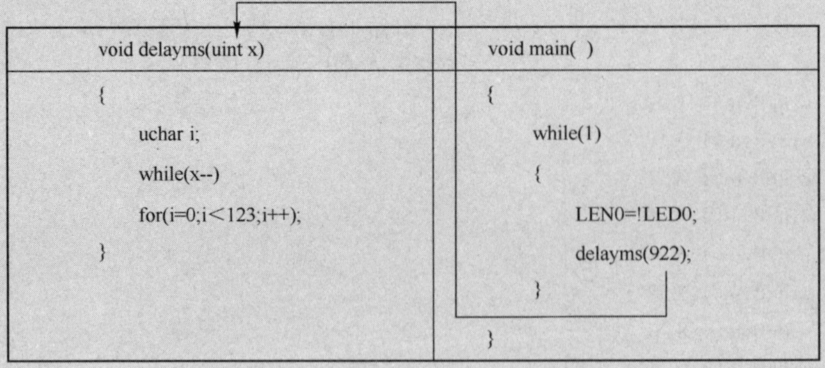

函数的形参和实参具有以下特点：

（1）形参变量只有在被调用时才分配内存单元，在调用结束时，即刻释放所分配的内存单元。形参只在函数内部有效，函数调用结束返回主调函数后则不能再使用该形参变量。

（2）实参可以是常量、变量、表达式、函数等，无论实参是何种类型的量，在进行函数调用时，它们都必须具有确定的值，以便把这些值传送给形参。因此应预先用赋值、输入等办法使实参获得确定值。

（3）实参和形参在数量上、类型上、顺序上应严格一致，否则会发生"类型不匹配"的错误。

（4）函数调用中发生的数据传送是单向的。即只能把实参的值传送给形参，而不能把形参的值反向地传送给实参。因此在函数调用过程中，形参的值发生改变，而实参中的值不会变化。

2. 函数的返回值

有时希望通过函数调用能得到一个确定的值，这就是函数的返回值。例如，在键盘程序中，主函数调用键盘函数得到一个键值，然后根据不同的键值做相应的动作。例如：

uchar scankey()	void main()

{
　......
　uchar keynum;
　......
　return(keynum);
}
	{
	　uchar keydata;
	　......
	　while(1)
	　{
	　......
	　keydata=scankey();
	　......
	　}
	}

需要说明的是：

（1）函数的返回值是由 return 语句获得的，如果需要带回函数值，被调用函数中必须包含 return 语句；如果不需要带回函数值，被调用函数中可以不要 return 语句。

（2）return 语句后面的括号可以不要，它后面可以是一个表达式。

（3）函数返回值的类型和函数定义中函数的类型标识符应保持一致。如果两者不一致，则以函数类型标识符为准，自动进行类型转换。

（4）不返回函数值的函数，可以明确定义为"空类型"，类型说明符为"void"。为了使程序有良好的可读性并减少出错，凡不要求返回值的函数都应定义为空类型。

三、局部变量和全局变量

1. 局部变量

在一个函数内部定义的变量是内部变量，它只在本函数范围内有效，也就是只有在本函数内才能使用它们，在此函数以外是不能使用这些变量的，这称为"局部变量"。局部变量的使用中要注意：

（1）主函数中定义的变量也只在主函数中有效，不会因为在主函数中定义而在整个程序中有效。主函数也不能使用其他函数中定义的变量。

（2）不同函数可以使用相同名字的变量，它们代表不同的对象，互不干扰。

（3）形式参数也是局部变量。

2. 全局变量

在函数以外定义的变量称为外部变量，外部变量是全局变量（也称为全程变量）。全局变量可以为本文件其他函数所共用，它的有效范围是从定义变量的位置开始到本源文件结束。全局变量的使用中应注意：

（1）设置全局变量的作用是增加函数间数据联系的渠道。由于同一文件中的所有函数都能引用全局变量的值，因此如果在一个函数中改变了全局变量的值，就能影响到其他函数，相当于各个函数间有直接的传递渠道。

（2）建议不必要时不要使用全局变量。全局变量过多，会降低程序的清晰性。

（3）如果在同一源文件中，全局变量和局部变量同名，在局部变量的作用范围内，全局变量被“屏蔽”，即它不起作用。

2.3.4 任务 2-3-2 简易电子钟的实现

一、任务要求

利用单片机的定时器中断，实现电子钟的准确计时，并在 RTC1602 屏幕上显示。

二、AT89S52 单片机中断系统

1. 中断的概念

当 CPU 处理某项事务的时候，如果外界或者内部发生了紧急事件，要求 CPU 暂停正在处理工作而去处理这个紧急事件，待处理完后，再回到原来中断的地方，继续执行原来被中断的程序，这个过程称为中断。

2. 中断的优点

（1）分时操作。CPU 与低速的外部设备交换信息时，可以分时命令多个外设同时工作，外设工作的同时，CPU 可以执行主程序，当外设完成工作时向 CPU 申请中断，CPU 才转去执行中断服务程序，这样大大提高了 CPU 工作效率。

（2）实时处理。可以通过中断响应实时处理环境变化。

（3）故障处理。CPU 可以通过中断自行处理运行过程中无法预料的故障问题。

3. 中断源

引起并发出中断请求的源头（如某设备或事件）称为中断源。

51 系列单片机有 6 个中断源：两个外部中断（INT0、INT1）、三个定时器/计数器中断（T0、T1、T2）和一个串行口中断。

中断源的识别方式有两种。

（1）查询中断：通过软件逐个查询各中断源的中断请求标志。

（2）向量中断：中断请求通过优先级排队电路，一旦响应则转向对应的向量地址执行。

4. 中断优先级

中断优先级越高，则响应优先权就越高。当 CPU 正在执行中断服务程序时，又有中断优先级更高的中断申请产生，这时 CPU 就会暂停当前的中断服务转而处理高级中断申请，待高级中断处理程序完毕再返回原中断程序断点处继续执行，这一过程称为中断嵌套。

5. 中断源、入口地址、C 语言程序格式表（表 2-7）

表 2-7　中断源、入口地址、C 语言程序格式表

序　号	中　断　源	中 断 向 量	中断服务程序格式
1	外部中断 0（INT0）	0003H	interrupt 0
2	定时器/计数器 T0 中断	000BH	interrupt 1
3	外部中断 1（INT1）	0013H	interrupt 2
4	定时器/计数器 T1 中断	001BH	interrupt 3
5	串行口中断	0023H	interrupt 4
6	定时器/计数器 T2 中断	002BH	interrupt 5

6. C 语言中断服务函数格式说明

为了便于用 C 语言编写单片机中断服务程序，C51 编译器也支持 51 单片机的中断服务程序，而且用 C 语言编写中断服务程序比汇编语言方便得多。C 语言编写中断服务函数的格式如下：

```
函数类型 函数名(形式参数列表) interrupt n [using m]
```

其中，interrupt 后面的 n 是中断编号，取值范围是 0～5；using 后面的 m 表示使用的工作寄存器组号，取值范围是 0～3；若不声明 using 项，默认用第 0 组工作寄存器。

例如，定时器 T0 的中断服务函数为：

```
void time_0(void) interrupt 1 using 0
{
  …… //中断服务函数程序
}
```

三、AT89S52 单片机定时器/计数器

AT89S52 单片机有三个 16 位内部定时器/计数器（T0、T1、T2），这里主要介绍 T0、T1，它们分别由 2 个 8 位计数器组成。T0 由 TH0（高 8 位）、TL0（低 8 位）构成；T1 由 TH1（高 8 位）、TL1（低 8 位）构成。

如果是计数内部晶振驱动时钟，则它是定时器；如果是计数单片机输入引脚的脉冲信号，则它是计数器。

1. 模式介绍

（1）定时器模式：设置为定时器模式时，加 1 计数器是对内部机器周期计数（1 个机器周期等于 12 个振荡周期，即计数频率为晶振频率的 1/12）。计数值 N 乘以机器周期 Tcy 就是定时时间 t。当晶振为 12MHz 时，计数频率为 1MHz，每 1μs 计数值加 1。

（2）计数器模式：设置为计数器模式时，外部事件计数脉冲由 T0（P3.4）或 T1（P3.5）引脚输入到计数器。当 T0 或 T1 引脚上负跳变时计数器加 1。识别引脚上的负跳变需要 2 个机器周期，即 24 个振荡周期。所以 T0 或 T1 引脚输入的可计数外部脉冲的最高频率为 fosc/24。当晶振为 12MHz 时，最高计数频率为 500kHz，高于此频率将计数出错。

2. 定时器/计数器的相关寄存器

定时器/计数器在使用前，必须设置相应的寄存器，下面就介绍相关寄存器的用法。

（1）定时器/计数器的方式寄存器（TMOD）

T1 控制				T0 控制			
D7	D6	D5	D4	D3	D2	D1	D0
GATE	C/T	M1	M0	GATE	C/T	M1	M0

GATE：门控位。用来确定对应的外部中断请求引脚是否参与 T0 或 T1 的操作控制。

当 GATE = 0 时，只要定时器/计数器控制寄存器（TCON）中的 TR0 或 TR1 为 1，T0 或 T1 被允许开始计数。

当 GATE = 1 时，不仅要 TCON 中的 TR0 或 TR1 为 1，还要 P3 口的/INT0 或/INT1 引脚为 1 才允许开始计数。

C/T：计数器或定时器选择位。

- C/T = 1 时，T0 或 T1 为计数器模式。
- C/T = 0 时，T0 或 T1 为定时器模式。

M1 和 M0：工作方式选择位。

51 单片机定时器/计数器的四种工作方式，由 M1、M0 的状态确定，见表 2-8。

表 2-8　定时器/计数器工作方式

M1	M0	工作方式	功　　能
0	0	0	为 13 位定时器/计数器，TL 存低 5 位，TH 存高 8 位
0	1	1	为 16 位定时器/计数器
1	0	2	常数自动装入的 8 位定时器/计数器
1	1	3	仅适用于 T0，两个 8 位定时器/计数器

（2）定时器/计数器控制寄存器（TCON）

定时器/计数器控制				中断控制			
D7	D6	D5	D4	D3	D2	D1	D0
TF1	TR1	TF0	TR0	IE1	IT1	IE0	IT0

TF1/TF0：溢出标志位。当 T0 或 T1 溢出时，硬件置位（TF1/TF0 = 1），并向 CPU 申请中断。当 CPU 响应中断时，由硬件清除（TF1/TF0 = 0）。

TR1/TR0：运行控制位。当 TR1/TR0 = 1 时，启动 T0 或 T1；当 TR1/TR0 = 0 时，关闭 T0 或 T1。

IE1/IE0：外部中断请求标志。当外部信号产生中断时，由硬件置位（IE1/IE0 = 1）。当 CPU 响应中断时，由硬件清除（IE1/IE0 = 0）。

IT1/IT0：外部中断 0、1 的触发方式选择位，由软件设置。

- 当 IT1/IT0 = 1 时，下降沿触发方式。/INT0 或/INT1 引脚上高到低的负跳变可引起中断。
- 当 IT1/IT0 = 0 时，电平触发方式。/INT0 或/INT1 引脚上低电平可引起中断。

3. 中断系统相关寄存器

（1）中断允许寄存器（IE）

D7	D6	D5	D4	D3	D2	D1	D0
EA	—	ET2	ES	ET1	EX1	ET0	EX0

EA：中断总开关控制位。EA = 1 时，CPU 开中断；EA = 0 时，CPU 关中断。

ET2、ES、ET1、EX1、ET0、EX0 分别为 T2、串口、T1、外部中断 1、T0、外部中断 0 的中断开关控制位，置 1 时允许该项中断，清 0 时禁止该项中断产生。

要使单片机某项中断有效，必须使 EA 为 1，同时该项中断开关控制也为 1。

（2）中断优先级寄存器（IP）

51 单片机的 6 个中断源可以被设为两个不同的级别，CPU 先响应中断级别高的中断源。中断优先级通过中断优先级寄存器 IP 中相应位的状态来设定。

D7	D6	D5	D4	D3	D2	D1	D0
—	—	—	PS	PT1	PX1	PT0	PX0

PT2、PS、PT1、PX1、PT0、PX0 分别为 T2、串口、T1、外部中断 1、T0、外部中断 0 的中断优先级控制位，各项置 1 时为高级中断，清 0 时为低级中断。

4. 定时器/计数器的初始化

在使用定时器/计数器前，应对它进行初始化，主要是对 TMOD 和 TCON 编程，还需计算和装载计数初值。一般完成下列几个步骤。

① 确定定时器/计数器的工作方式：设定 TMOD。

② 计算计数初始值，并装载到 TH 和 TL 中。

③ 定时器/计数器在中断方式工作时，必须使 EA 为 1，同时定时器中断开关控制也为 1。

④ 启动定时器/计数器：编程 TCON 中的 TR1 或 TR0 位。

5. 定时器计数初始值的计算

（1）当 fosc = 12MHz 时，计算定时器计数初始值

当工作在定时器模式下，定时器/计数器是对机器周期脉冲计数的，一个机器周期为 12/fosc = 1μs，则定时器不同方式下的最大定时时间如下。

- 方式 0：13 位定时器最大定时时间隔 $= 2^{13} \times 1\mu s = 8.192ms$
- 方式 1：16 位定时器最大定时时间隔 $= 2^{16} \times 1\mu s = 65.536ms$
- 方式 2：8 位定时器最大定时时间隔 $= 2^{8} \times 1\mu s = 256\mu s$

例：若 T0 工作在方式 1，要求定时 1ms，计算计数初值。如设计数初值为 x，则：

$(2^{16} - x) \times 1\mu s = 1000\mu s$，即 $x = 2^{16} - 1000$。

可计数得到 65536 - 1000 = 64536 = 0xfc18。因此 TH0 = 0xfc，TL0 = 0x18。

（2）当 fosc = 11.0592MHz 时，计算定时器计数初始值

当 fosc = 11.0592MHz 时，一个机器周期为 12/fosc = 12/11.0592μs，如工作在方式 1，要定时 t（us），设计数初始值为 x，则：$(2^{16} - x) \times 12/11.0592\mu s = t$，即 $x = 2^{16} - 11.0592t/12$。

例：T0 工作在方式 1，要求定时 10ms，则 $x = 2^{16} - 110592/12$，数据$(2^{16} - 110592/12)$在单片机中存储时，占用 2 个字节，等效于(-110592/12)，先将(-110592/12)强制转换为 uint 类型数据，再将其拆分为高、低 8 位，编译时可产生最精简汇编语句，提高定时精度。

因此，装载定时器计数初始值的 C51 语句为：

```
TL0 = (uint)( -110592/12)%256;      //去掉(uint)，将导致计算结果错误!
TH0 = (uint)( -110592/12)/256;
```

四、任务 2-3-2 的实施

1. 硬件电路设计

硬件电路的设计与任务 2-3-1 的相同。

2. 程序设计

通过单片机的定时中断进行准确计时，同时利用 RTC1602 进行显示，实现电子钟的功能。程序流程图如图 2-39 所示。

任务 2-3-2 的程序清单：

```
/***************有关文件包含、定义略去，参见任务 2-3-1 ***********************/
uchar hour;                                   //小时
uchar min;                                    //分钟
uchar sec;                                    //秒
uchar count;                                  //计数变量
uchar code number[ ] = {"0123456789"};        //数字 0~9 的 ACSII 码表

/******************有关基本函数略去，参见任务 2-3-1 ************************/
void displayClock()                           //时钟显示函数
{
    writeByte(1,4,number[hour/10]);           //显示小时十位
    writeByte(1,5,number[hour%10]);           //显示小时个位
    writeByte(1,6,':');
    writeByte(1,7,number[min/10]);            //显示分钟十位
    writeByte(1,8,number[min%10]);            //显示分钟个位
    writeByte(1,9,':');
    writeByte(1,10,number[sec/10]);           //显示秒钟十位
    writeByte(1,11,number[sec%10]);           //显示秒钟个位
}
```

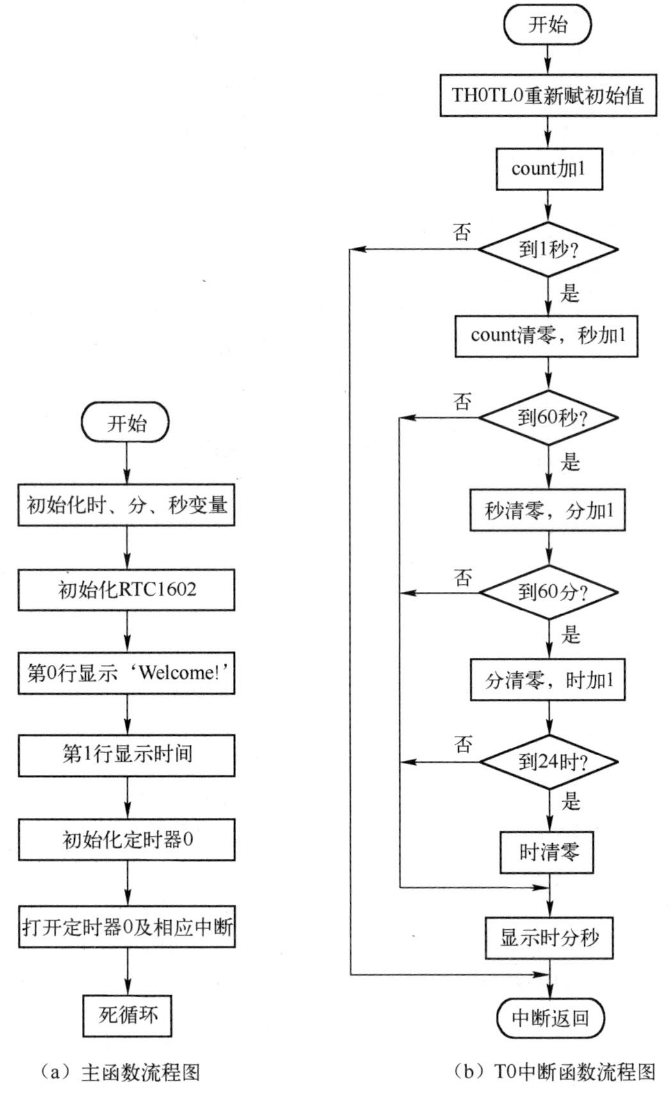

（a）主函数流程图　　（b）T0中断函数流程图

图 2-39　任务 2-3-2 程序流程图

```
void time_0(void) interrupt 1
{
    TL0 = (uint)( -110592/12)%256;          //去掉(uint),将导致计算结果错误!
    TH0 = (uint)( -110592/12)/256;
    count ++ ;
    if(count == 100)                          //定时器为 10ms, 当 count == 100 时, 100x10ms
                                              // = 1000ms(1 秒)
    {
        count = 0;                            //1 秒到, 计数变量清 0
        sec ++ ;                              //秒加 1
```

```
        if(sec == 60)                           //若秒加到了60秒
        {
            sec = 0;                            //秒清0
            min ++ ;                            //分钟加1
            if(min == 60)                       //若分钟加到了60分
            {
                min = 0;                        //分钟清0
                hour ++ ;                       //小时加1
                if(hour == 24)                  //若小时加到了24小时
                hour = 0;                       //小时清0
            }
        }
        displayClock( );                        //显示时间
    }
}

void main( )                                    //主函数
{
    hour = 12;                                  //时钟初始值为12点
    min = 0;                                    //分钟初始值为00分
    sec = 0;                                    //秒钟初始值为00秒
    init1602( );                                //初始化1602
    writeString(0,4,"Welcome!");                //在第0行第4位显示字符串"Welcome!"
    displayClock( );
    TMOD = 0x01;                                //设定T0为模式1，16位定时计时器
    TL0 = (uint)( -110592/12)%256;              //设置定时时间常数
    TH0 = (uint)( -110592/12)/256;              //去掉(uint)，将导致计算结果错误!
    ET0 = TR0 = 1;                              //中断允许开启、定时器开关开启
    EA = 1;                                     //中断控制总开关，开启
    while(1);                                   //主程序，死循环
}
```

【知识链接七】C语言的数组

实际工作中，往往需要对一组数据进行操作。这一组数据之间有一定联系，如果采用定义变量的方法，需要定义多个变量，并且难以体现各个变量之间的关系。这时，需要用到数组。数组是有序数据的集合。数组中的每个元素都属于同一个数据类型。用一个统一的数组名和下标来唯一地确定数组中的元素。

一、一维数组的定义和引用

一维数组的定义方式为：

类型说明符 数组名[常量表达式]

例如：char a[10]；

（1）数组的类型实际上是指数组元素的取值类型。对于同一个数组，其所有元素的数据类型都是相同的。

（2）数组名定名规则和变量名的相同，遵循标识符定名规则。

（3）数组名不能与其他变量名相同。

（4）常量表达式只能用方括号括起来，不能用圆括号。

（5）方括号中的常量表达式表示数组元素的个数，如 a[5]表示数组 a 有 5 个元素。但是其下标从 0 开始计算。因此 5 个元素分别为 a[0]，a[1]，a[2]，a[3]，a[4]。

（6）不能在方括号中用变量表示元素的个数，但是可以用符号常数或常量表达式。

（7）允许在同一个类型说明中，说明多个数组和多个变量。例如：

```
int a,b,c,d,k1[10],k2[20];
```

二、二维数组的定义和引用

1. 二维数组的定义方式

类型说明符 数组名[常量表达式1][常量表达式2]

其中，常量表达式 1 表示第一维下标的长度，常量表达式 2 表示第二维下标的长度。

例：int a[3][4]；

说明了一个三行四列的数组，数组名为 a，其下标变量的类型为整型。该数组的下标变量共有 3×4 个，即：

```
a[0][0],a[0][1],a[0][2],a[0][3]
a[1][0],a[1][1],a[1][2],a[1][3]
a[2][0],a[2][1],a[2][2],a[2][3]
```

在 C 语言中，二维数组是按行排列的。

2. 二维数组的初始化

① 分行给二维数组赋初值。

```
int a[3][4] = { {1,2,3,4}, {5,6,7,8}, {9,10,11,12} };
```

② 可以将所有的数据写在一个大括号内，按数组排列的顺序对各元素赋初值。

```
int a[3][4] = {1,2,3,4,5,6,7,8,9,10,11,12};
```

③ 可以对部分元素赋初值。

```
int a[3][4] = { {1}, {5}, {9} };
```

其作用是对各行的第一个元素赋值。

④ 如果对全部元素都赋初值，则定义数组时对第一维的长度可以不指定，但第二维的长度不能省略。例如：

```
int a[ ][4] = { {1,2,3,4},{5,6,7,8}, {9,10,11,12} };
```

或

```
int a[ ][4] = {1,2,3,4,5,6,7,8,9,10,11,12};
```

三、字符数组

1. 字符数组的定义

用来存放字符数据的数组是字符数组。字符数组中的一个元素存放一个字符。

例：char c[8]；

定义 c 为字符数组，包含 8 个字符元素，元素的下标值从 0 ~7。

2. 字符数组的初始化

对字符数组初始化，最容易理解的方式是逐个字符赋值给数组元素，例如：

```
char c[8] = {'c','o','m','p','u','t','e','r'};
```

3. 字符串和字符串结束标志

C 语言通常用一个字符数组来存放一个字符串，将 '\0'存入数组作为该字符串是否结束的标志。有了 '\0'标志后，就不必再用字符数组的长度来判断字符串的长度了。

```
char c[ ] = {'C','','p','r','o','g','r','a','m'};      //数组长度为9
char c[ ] = {"C program"};                            //数组长度为10
```

由于采用了 '\0'标志，所以在用字符串赋初值时一般无须指定数组的长度，而由系统自行处理。

项目 2.4　两级菜单的显示界面

2.4.1　项目描述

本项目要求采用点阵型液晶显示器模块 TG12864，完成下述任务。

任务 2-4-1：用液晶显示器 TG12864，实现以下功能：

① 数字、英文字符的显示；

② 汉字的显示。

任务 2-4-2：编写两级菜单显示界面程序，模拟电子产品的操作界面。

2.4.2　项目分析

通过项目描述，实现本项目需完成以下两方面工作。

① 硬件电路的设计：以单片机为控制中心，通过其 I/O 口与 TG12864 连接，构成 I/O 口模拟操作时序的接口电路。

② 程序的设计：用 C51 语言编写单片机控制液晶显示模块 TG12864 的接口驱动程序及显示简单信息的界面程序。

2.4.3 任务2-4-1 用液晶显示器TG12864显示数字、英文字符与汉字

一、液晶显示模块TG12864概述

TG12864是一种图形点阵液晶显示器，它主要由行驱动器/列驱动器及128×64全点阵液晶显示器组成，可显示图形，也可显示8×4个（16×16点阵）汉字。

MCU04显示模块中TG12864模块的照片如图2-40所示，其电路原理图参考附录。

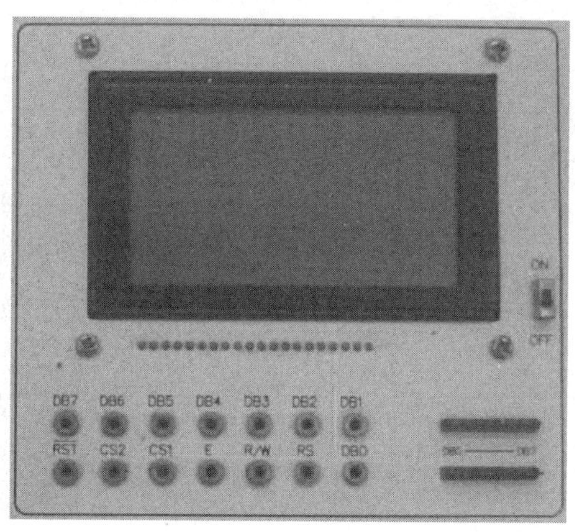

图2-40 MCU04显示模块中的TG12864模块

二、液晶显示模块TG12864主要硬件构成

如图2-41所示为TG12864的结构框图。

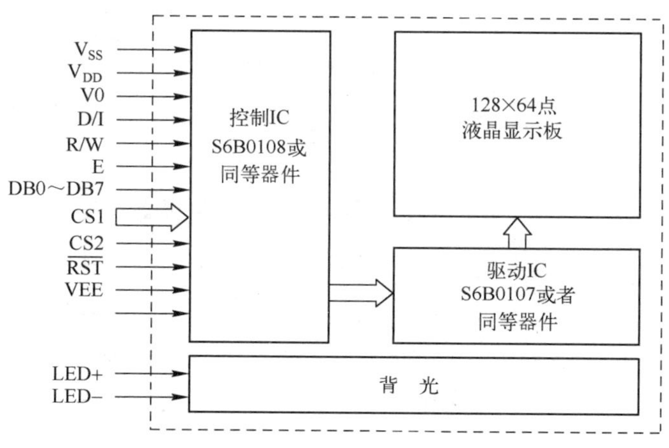

图2-41 TG12864结构框图

由框图可知，TG12864是由S6B0108、S6B0107、128×64点液晶显示板、背光构成。S6B0108是TG12864的控制驱动器，S6B0107是TG12864的行、列驱动控制器。控制好

S6B0108、S6B0107 就能使 TG12864 进行显示。

液晶显示模块 TG12864 的接口定义见表 2-9。

表 2-9　TG12864 模块的接口定义

管脚号	管脚名称	电　平	管脚功能描述
1	V_{SS}	0V	电源地
2	V_{DD}	+5V	模块电源正极
3	V0	-	液晶显示对比度调节
4	D/I	H/L	寄存器与显示内存操作选择
5	R/W	H/L	CPU 读写控制信号
6	E	H/L	读写使能信号
7	DB0	H/L	数据线
8	DB1	H/L	数据线
9	DB2	H/L	数据线
10	DB3	H/L	数据线
11	DB4	H/L	数据线
12	DB5	H/L	数据线
13	DB6	H/L	数据线
14	DB7	H/L	数据线
15	CS1	H/L	左半屏片选信号，高电平有效
16	CS2	H/L	右半屏片选信号，高电平有效
17	$\overline{RST}$	H/L	复位信号，低电平有效
18	VEE	-	由模块内部提供液晶驱动电压
19	LED +	+5V	LED 背光源正极输入
20	LED -	0V	LED 背光源负极输入

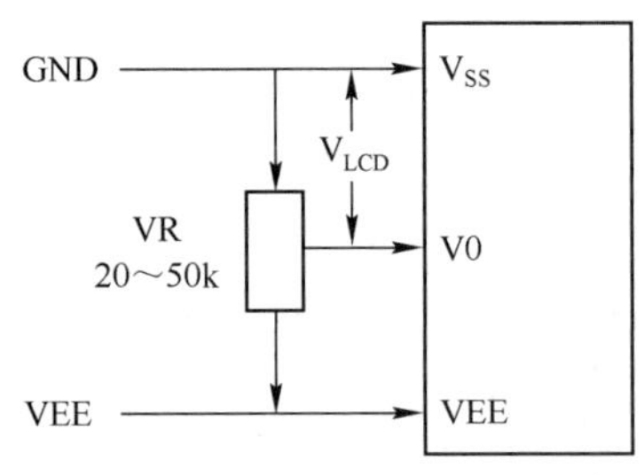

图 2-42　对比度调节电路图

V0 为显示对比度调节端。如图 2-42 所示，调节 V0 的电压可以得到最佳显示效果。模块在出厂时已经调节好显示对比度。

三、TG12864 的控制寄存器

1. 指令寄存器（IR）

IR 用来寄存指令码，与数据寄存器寄存数据相对应。当 RS=0 时，在 E 信号的下降沿的作用下，指令码写入 IR 中。

2. 数据寄存器（DR）

DR 用来寄存数据，与指令寄存器寄存指令相对应。当 RS=1 时，在 E 信号的下降沿的作用下，图形显示数据写入 DR，或在 E 信号高电平的作用下，由 DR 读到 DB7～DB0 数据总线上。DR 和 DDRAM 之间的数据传输是模块内部自动执行的。

3. 忙标志（BF）

BF 标志提供内部工作情况。BF =1 表示模块在进行内部操作，此时模块不接受外部指令和数据；BF =0 表示模块为准备状态，随时可接受外部指令和数据。利用读取状态指令，可以将 BF 读到 DB7，从而检验模块的工作状态。

4. 显示控制触发器（DFF）

此触发器用于控制模块屏幕显示开和关。DFF =1 为开显示，DDRAM 的内容就显示在屏幕上；DFF =0 为关显示。

5. XY 地址计数器

XY 地址计数器是一个 9 位计数器，高 3 位是 X 地址计数器，低 6 位为 Y 地址计数器。XY 地址计数器实际上是作为 DDRAM 的地址指针，X 地址计数器是 DDRAM 的页指针，Y 地址计数器是 DDRAM 的列指针。X 地址计数器是没有计数功能的，只能用指令设置。Y 地址计数器具有循环计数的功能，各显示数据写入后，Y 地址自动加 1，Y 地址指针从 0 到 63。

6. 显示数据 RAM（DDRAM）

DDRAM 用于储存图形显示数据。数据为 1 表示显示选择；数据为 0 表示显示非选择。DDRAM 地址和显示位置关系见表 2-10。

表 2-10　TG12864 的 DDRAM 地址表

CS1 =1						CS2 =1					
Y =	0	1	…	62	63	0	1	…	62	63	行号
X =0 ↓ X =7	DB0 ↓ DB7	DB0 ↓ DB7	DB0 ↓ DB7	DB0 ↓ DB7	DB0 ↓ DB7	DB0 ↓ DB7	DB0 ↓ DB7	DB0 ↓ DB7	DB0 ↓ DB7	DB0 ↓ DB7	0 ↓ 7
	DB0 ↓ DB7	DB0 ↓ DB7	DB0 ↓ DB7	DB0 ↓ DB7	DB0 ↓ DB7	DB0 ↓ DB7	DB0 ↓ DB7	DB0 ↓ DB7	DB0 ↓ DB7	DB0 ↓ DB7	8 ↓ 55
	DB0 ↓ DB7	DB0 ↓ DB7	DB0 ↓ DB7	DB0 ↓ DB7	DB0 ↓ DB7	DB0 ↓ DB7	DB0 ↓ DB7	DB0 ↓ DB7	DB0 ↓ DB7	DB0 ↓ DB7	56 ↓ 63

7. Z 地址计数器

Z 地址计数器是一个 6 位计数器，此计数器有循环计数的功能，用于显示行扫描同步。当一行扫描完成，此地址计数器自动加 1，指向下一行扫描数据，RST 复位后 Z 地址计数器为 0。

Z 地址计数器用指令“设置显示开始线”预置。因此，显示屏幕的起始行就由此指令控制，即 DDRAM 的数据从哪一行开始显示在屏幕的第一行。TG12864 模块的 DDRAM 共 64 行，屏幕可以循环滚动显示 64 行。

四、TG12864 的指令系统

单片机是通过控制 IC S6B0108 来控制 TG12864 进行显示的。控制指令有 7 种，各种指令的格式及功能说明见表 2-11。

表 2-11　TG12864 的指令表

命　令	RS	R/W	DB7	DB6	DB5	DB4	DB3	DB2	DB1	DB0	功　能
开关显示	0	0	0	0	1	1	1	1	1	0/1	控制显示开或关，内部状态及显示静态数据无效 0：关；1：开
设置 Y 地址	0	0	0	1	Y 地址（0 ~ 63）						在 Y 地址计数器中设置 Y 值
设置 X 地址	0	0	1	0	1	1	1	页（0 ~ 7）			在 X 寄存器中设置 X 的值
显示开始线（Z 地址）	0	0	1	1	显示开始线（0 ~ 63）						在显示屏最上层显示数据静态寄存器中的图形
读取状态	0	1	忙	0	开/关	复位	0	0	0	0	读取状态： 忙　0：准备 　　1：在运行中 开/关　0：显示开 　　　1：显示关 复位　0：正常 　　　1：复位
写入显示数据	1	0	写数据								写数据到显示数据静态寄存器。在写指令后，Y 地址自动加 1
读取显示数据	1	1	读数据								从显示数据静态寄存器中读取数据到数据总线

指令数据说明：

（1）开/关显示

命令	RS	R/W	DB7	DB6	DB5	DB4	DB3	DB2	DB1	DB0
开关显示	0	0	0	0	1	1	1	1	1	1/0

功能描述：控制 TG12864 液晶屏显示的开/关。当 DB0 = 0，关显示；当 DB0 = 1，开显示。

（2）设置列（Y）地址

命令	RS	R/W	DB7	DB6	DB5	DB4	DB3	DB2	DB1	DB0
设置 Y 地址	0	0	0	1	Y 地址（0 ~ 63）					

功能描述：从设置的那一列（0 ~ 63）开始显示。

（3）设置页（X）地址

命令	RS	R/W	DB7	DB6	DB5	DB4	DB3	DB2	DB1	DB0
设置 X 地址	0	0	1	0	1	1	1	页（0 ~ 7）		

功能描述：从设置的那一页（0 ~ 7）开始显示。

（4）设置显示开始线（Z）

命令	RS	R/W	DB7	DB6	DB5	DB4	DB3	DB2	DB1	DB0
显示开始线	0	0	1	1	显示开始线（0 ~ 63）					

功能描述：从设置的那一行（0 ~ 63）开始显示。显示起始线由 Z 地址计数器控制。本

条命令就是将 DB5 ~ DB0 这 6 位地址数据送入到 Z 地址计数器中，起始行可以是 0 ~ 63 中的任意一行。

(5) 读取状态

命令	RS	R/W	DB7	DB6	DB5	DB4	DB3	DB2	DB1	DB0
读取状态	0	1	BF	0	开/关	复位	0	0	0	0

功能描述：读取模块工作状态。当 RS = 0、R/W = 1 时，在 E = 1 的作用下，状态分别输出到数据总线（DB7 ~ DB0）的相应位。

忙标志 BF 在前面已经介绍过。

开/关：表示 DFF 触发器的状态（显示控制触发器 DFF）。

复位：为 1 表示模块内部正在进行初始化，此时模块不接受任何指令和数据。

(6) 写入显示数据

命令	RS	R/W	DB7	DB6	DB5	DB4	DB3	DB2	DB1	DB0
写入显示数据	1	0	写数据							

功能描述：将显示数据（DB7 ~ DB0）写入相应的 DDRAM 单元，Y 地址指针自动加 1。在执行此条命令前，要先设置 X 地址和 Y 地址。

(7) 读取显示数据

命令	RS	R/W	DB7	DB6	DB5	DB4	DB3	DB2	DB1	DB0
读取显示数据	1	1	读数据							

功能描述：将 DDRAM 中的内容（DB7 ~ DB0）读到数据总线 DB7 ~ DB0，Y 地址指针自动加 1。在执行此条命令前，要先设置 X 地址和 Y 地址。

五、TG12864 的读写操作时序

1. 写操作时序图

从图 2-43 中可看出，对 TG12864 的写操作过程为：E 端先为 0，R/W 端为 0，RS 端根

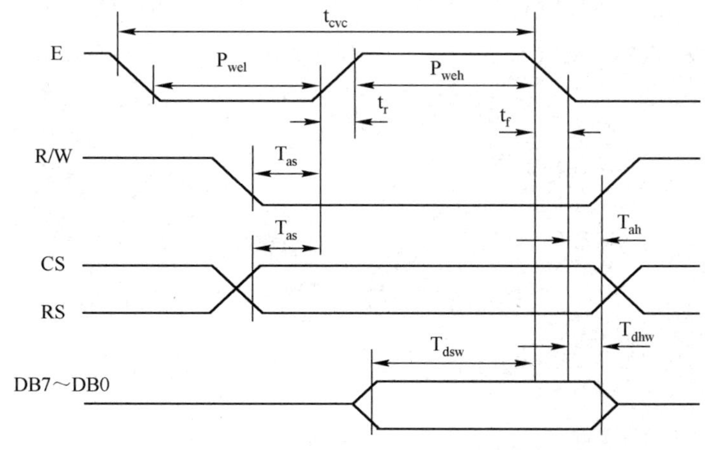

图 2-43　TG12864 的写操作时序图

据写指令或写数据，分别设置为 0、1，CS1、CS2 根据选择情况为 0 或 1；E 端变为 1，单片机准备好数据 DB0～DB7 后，在 E 端产生下降沿，TG12864 锁定数据。

2. 读操作时序图

从图 2-44 中可看出，对 TG12864 的读操作过程为：E 端先为 0，R/W 端为 1，RS 端根据读状态或读数据，分别设置为 0、1，CS1、CS2 根据选择情况为 0 或 1；E 端变为 1，单片机读取数据 DB0～DB7，然后在 E 端产生 0，TG12864 输出数据无效。

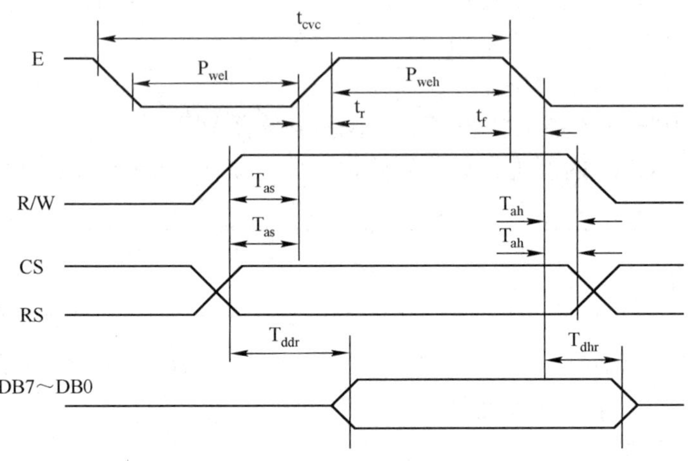

图 2-44　TG12864 的读操作时序图

六、TG12864 的显示原理

根据表 2-10，向显示数据 RAM 某单元写入的一个字节数据，将在显示屏对应位置显示纵向 8 个像素点的图像。

由于 TG12864 本身不带字库，必须使用取模软件获取要显示汉字、英文字符、数字的编码数据（字模），并将这些编码数据存放在单片机的程序存储器中，程序将这些数据写入 TG12864 的显示数据 RAM 中进行显示。

使用字模提取 V2.2 时，在“文字输入区”输入某种字体的汉字、英文字符、数字后（如图 2-45 所示）；在“参数设置/其他选项”中，选中“纵向取模”、“字节倒序”（如图

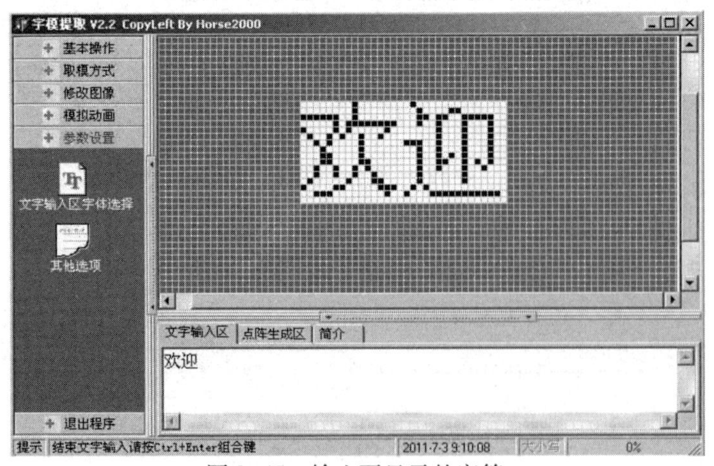

图 2-45　输入要显示的字符

2-46 所示）；确定后，在“取模方式”中选择“C51 格式”，软件将自动生成字模数据，如图 2-47 所示，将该字模数据复制粘贴到程序中即可。

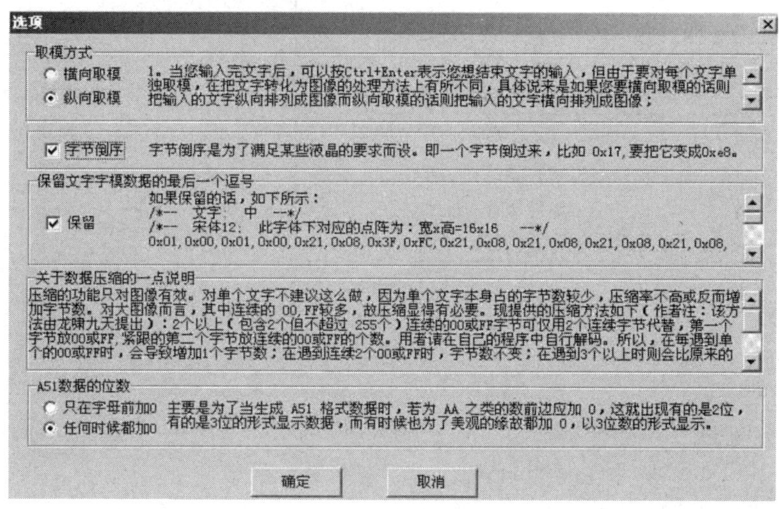

图 2-46　选择取模方式

图 2-47　自动生成字模数据

七、任务 2-4-1 的实施

1. 硬件电路的设计

本任务需要使用 YL－236 装置中的三个模块：MCU01 主机模块、MCU02 电源模块、MCU04 显示模块。模块接线图如图 2-48 所示：

2. TG12864 的基本 C51 函数及显示界面程序设计

根据前面介绍 TG12864 的相关知识以及读写时序图，编写 TG12864 的驱动程序，基本函数如下：

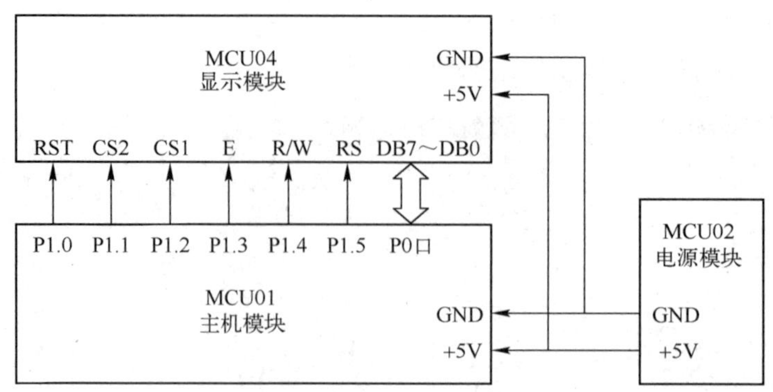

图 2-48 任务 2-4-1 的模块接线图

（1）void busy( )

该函数用于读取 TG12864 状态，“忙”就继续读状态，“闲”就执行后面的命令。

（2）void writeData（unsigned char x）

该函数用于向 TG12864 写入显示数据。

（3）void writeOrder（unsigned char x）

该函数用于向 TG12864 发送命令。

（4）void lcd_x（unsigned char x）

该函数用于设定要显示字符的 X 坐标（页地址）。

（5）void lcd_y（unsigned char y）

该函数用于设定要显示字符的 Y 坐标（列地址）。

（6）void lcd_xy（unsigned char x,y）

该函数用于设定要显示字符的具体位置。

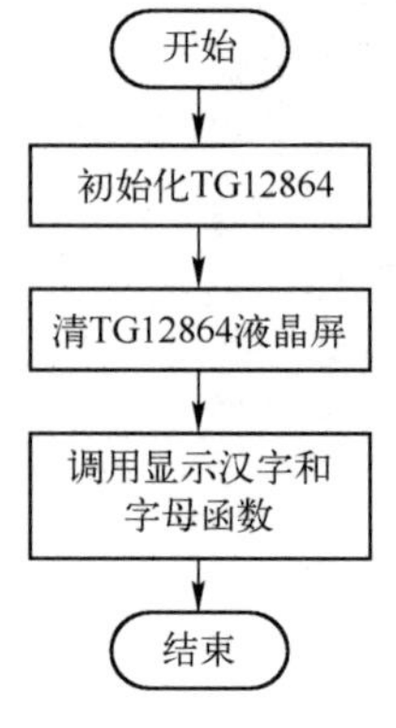

图 2-49 任务 2-4-1 的程序流程图

（7）void clrscr（ ）

该函数用于清 TG12864 液晶屏。

（8）void initTG12864（ ）

该函数用于初始化 TG12864。

（9）void writeHan（unsigned char x,y,z,unsigned char code ＊p）

该函数用于显示一个 16×16 汉字，x，y 分别为汉字在液晶屏中的页地址、列地址，z 为是否反白显示。

（10）void writeAscii（unsigned char x,y,z,unsigned char code ＊p）

该函数用于显示一个 8×16 英文字母或数字，x，y 分别为字符在液晶屏中的页地址、列地址，z 为是否反白显示。

任务 2-4-1 的程序流程图如图 2-49 所示。

任务 2-4-1 的程序清单：

```
#include <at89x52.h>                //包含 89x52 头文件
#include <intrins.h>                //包含 intrins 头文件
#define uint unsigned int           //无符号整型定义
#define uchar unsigned char         //无符号字符型定义
```

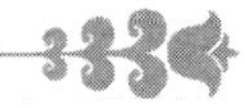

```
#define out0 P0                          //定义 out0 为 P0 口

sbit LCD_RST = P1^0;                     //TG12864 复位端
sbit LCD_CS2 = P1^1;                     //TG12864 右半屏片选
sbit LCD_CS1 = P1^2;                     //TG12864 左半屏片选
sbit LCD_E = P1^3;                       //TG12864 使能端
sbit LCD_WR = P1^4;                      //TG12864 读（1）/写（0）信号选择端
sbit LCD_RS = P1^5;                      //TG12864 数据（1）/指令（0）选择端

/************* 中文字库 16 列×16 行 *****************************/
uchar code hanzi_ZM[][32] = {---};       //通过字模软件生成的字模数据，这里略去

/******************** ASCII 字库 8 列×16 行 ******************************/
uchar code shuzi_ZM[][16] = {---};       //通过字模软件生成的字模数据，这里略去

void delayms(uint x)                     //函数省略，请参考任务 2-1-2

void busy()                              //判断是否忙
{
  uchar mang;                            //忙变量
  LCD_E =0;                              //使能端无效
  LCD_RS =0;                             //指令
  LCD_WR =1;                             //读
  do
  {
      out0 =0xff;
      LCD_E =1;                          //使能端有效
      _nop_();                           //等待一段时间让信号稳定后再读
      mang = out0;
      LCD_E =0;                          //使能端无效
  }while(mang&0x90);                     //若不忙则退出循环
}

void writeData(uchar x)                  //写数据
{
  busy();                                //判断是否忙
  out0 = x;                              //将 x 输出到数据口
  _nop_();
  LCD_RS =1;                             //数据
  LCD_WR =0;                             //写

  LCD_E =1;                              //使能端有效
  _nop_();
```

```
    LCD_E = 0;                              //使能端无效
    LCD_WR = 1;
}

void writeOrder(uchar x)                    //写指令
{
    busy();
    out0 = x;
    _nop_();
    LCD_RS = 0;                             //指令
    LCD_WR = 0;                             //写

    LCD_E = 1;                              //使能端有效
    _nop_();
    LCD_E = 0;                              //使能端无效
    LCD_WR = 1;
}

void lcd_x(uchar x)                         //定位 x 坐标
{
    writeOrder(0xb8|x);                     //设置页地址
}

void lcd_y(uchar y)                         //定位 y 坐标
{
    writeOrder(0x40|y);                     //设置 Y 地址
}

void lcd_xy(uchar x,y)                      //定位
{
    if(y<64)                                //若列小于 64,在左半屏显示
    {
        LCD_CS1 = 1;                        //左半屏片选有效
        LCD_CS2 = 0;                        //右半屏片选无效
        lcd_y(y);                           //写入 y 地址
    }
    else                                    //若列大于等于 64, 在右半屏显示
    {
        LCD_CS1 = 0;                        //左半屏片选无效
        LCD_CS2 = 1;                        //右半屏片选有效
        lcd_y(y-64);                        //写入 y 地址
    }
    lcd_x(x);                               //写入 x 地址
```

```
}

void clrscr()                               //清屏函数
{
  uchar i,j;
  LCD_CS1 = LCD_CS2 = 1;                    //片选有效
  for(i = 0;i < 8;i ++ )                    //写 8 页
  {
      lcd_y(0);                             //从第 0 列开始
      lcd_x(i);                             //从 i 页开始
      for(j = 0;j < 64;j ++ )               //写 64 列
      {
          writeData(0x00);                  //输出数据 0x00，清屏
      }
  }
  LCD_CS1 = LCD_CS2 = 0;                    //片选无效
}

void initTG12864()                          //初始化 12864
{
  LCD_RST = 0;                              //TG12864 复位
  delayms(15);
  LCD_RST = 1;

  LCD_CS1 = LCD_CS2 = 1;
  writeOrder(0x3e);                         //关显示
  writeOrder(0xb8);                         //页地址出初始化 从 0 页开始
  writeOrder(0x40);                         //列地址出初始化 从列开始
  writeOrder(0xc0);                         //显示开始线 从第一行开始
  writeOrder(0x3f);                         //开显示
  LCD_CS1 = LCD_CS2 = 0;
}

void writeHan(uchar x,y,z,uchar code *p)    //写一个汉字 16 ×16
{
  uint t = 0;
  uchar i,j;
  for(i = x;i < x + 2;i ++ )                //显示一个汉字占两页
  {
      for(j = y;j < y + 16;j ++ )           //显示一个汉字占 16 列
      {
        lcd_xy(i,j);                        //定位坐标位 i 页 j 列
        if(z == 0)                          //反白标志位 =0(正常显示)，=1(反白显示)
```

```
            writeData(p[t++]);          //输出正常字模数据
            else
            writeData(~p[t++]);         //输出反白字模数据
        }
    }
    LCD_CS1 = LCD_CS2 = 0;
}

void writeAscii(uchar x,y,z,uchar code *p)  //写一个字符 8×16
{
    uint t=0;
    uchar i,j;
    for(i=x;i<x+2;i++)
    {
        for(j=y;j<y+8;j++)              //显示一个字符占 8 列
        {
            lcd_xy(i,j);
            if(z==0)
            writeData(p[t++]);
            else
            writeData(~p[t++]);
        }
    }
    LCD_CS1 = LCD_CS2 = 0;
}

void main()                             //主函数
{
    initTG12864();                      //初始化 TG12864
    clrscr();                           //清屏
    writeHan(2,32,0,hanzi_ZM[0]);       //欢迎使用
    writeHan(2,48,0,hanzi_ZM[1]);
    writeHan(2,64,0,hanzi_ZM[2]);
    writeHan(2,80,0,hanzi_ZM[3]);

    writeAscii(4,8,0,shuzi_ZM[2]);      //2011 年
    writeAscii(4,16,0,shuzi_ZM[0]);
    writeAscii(4,24,0,shuzi_ZM[1]);
    writeAscii(4,32,0,shuzi_ZM[1]);
    writeHan(4,40,0,hanzi_ZM[4]);

    writeAscii(4,56,0,shuzi_ZM[0]);     //04 月
    writeAscii(4,64,0,shuzi_ZM[4]);
```

```
    writeHan(4,72,0,hanzi_ZM[5]);

    writeAscii(4,88,0,shuzi_ZM[0]);          //09 日
    writeAscii(4,96,0,shuzi_ZM[9]);
    writeHan(4,104,0,hanzi_ZM[6]);

    while(1);
}
```

【知识链接八】C 语言的指针

指针是 C 语言中的一个重要概念，也是 C 语言的一个重要特色。正确而灵活地运用指针，可以有效地表示复杂数据结构；能方便地使用字符串；有效地使用数组；调用函数时得到多个返回值；能直接与内存打交道，这对于嵌入式编程尤其重要。

一、指针的基本概念

1. 数据在内存中的存储形式

凡在程序中定义的变量，在编译时系统都给它们分配相应的存储单元，每个存储单元都有确定的地址。要访问变量，必须通过地址找到该变量的存储单元。

(1) 直接访问

由于编译时给每个变量都对应一个地址，在直接访问方式中，系统可通过变量名找到对应的地址，再进行相应的操作。

(2) 间接访问

在 C 语言中定义了一种特殊的变量，用来存放地址。将变量 i 的地址存放在另一个内存单元（变量）中，如知识链接图 2-8 所示。

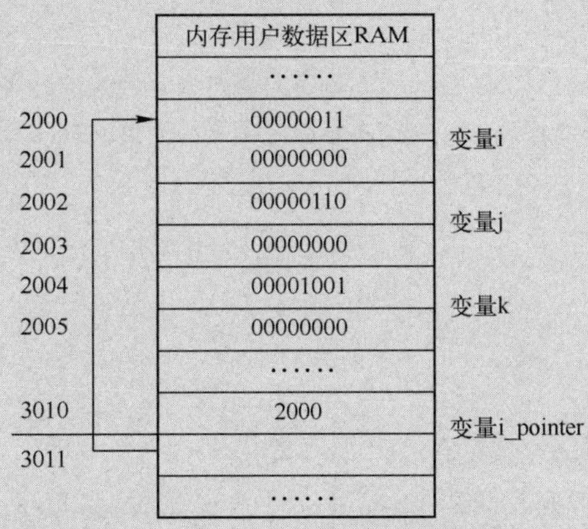

知识链接图 2-8　间接访问变量

例：

```
int i=3;
```

```
int j =6;
int k = i + j;
i_pointer = &i;          //将 i 的地址存放在变量 i_pointer 中，2000 就是变量 i 的首地址
```

2. 指针和指针变量

在 C 语言中，一个变量的地址称为该变量的指针。上例中，2000 是变量 i 的指针。

如果一个变量专门用来存放另一变量的地址，则该变量为指针变量。上例中，i_pointer 是一个指针变量。指针变量的值（即指针变量中存放的值）是地址（指针）。

二、定义和引用指针变量

1. 定义一个指针变量

C 语言规定所有变量在使用前必须定义，指定其类型，并按此分配内存单元。指针变量不同于整型变量和其他类型的变量，它是专门用来存放地址的，必须将它定义为“指针类型”。例如：

```
int i,j;
int  * pointer_1, * pointer_2;
```

程序第 1 行定义了 2 个整型变量 i 和 j，第 2 行定义了两个指针变量 pointer_1 和 pointer_2，它们是指向整型变量的指针变量。左端的 int 是在定义指针变量时必须指定的“基类型”。指针变量的基类型用来指定指针变量可以指向的变量的类型。例如，上面定义的基类型为 int，则指针变量 pointer_1 和 pointer_2 可以用来指向整型变量 i 和 j，但不能指向浮点型变量或字符型变量。

定义指针变量的一般形式为：

基类型 * 指针变量名

下面都是合法的定义：

```
float  * pointer_3;        // pointer_3 是指向浮点型变量的指针变量
char  * pointer_4;         // pointer_4 是指向字符型变量的指针变量
```

2. 指针变量的引用

怎样使一个指针变量指向另一个变量呢？可以用赋值语句使一个指针变量得到另一个变量的地址，从而使它指向该变量。例如：

```
pointer_1 = &i;
pointer_2 = &j;
```

程序中将变量 i 的地址存放在指针变量 pointer_1 中，因此 pointer_1 就“指向”了 i；同样，将变量 j 的地址存放在指针变量 pointer_2 中，因此 pointer_2 就“指向”了 j。

这里有两个相关的运算符。

① &：取地址运算符。

② *：指针运算符（或称间接访问运算符），取其指向的内容。

请注意：指针变量中只能存放地址（指针），不要将一个整数（或其他任何非地址类

型的数据）赋值给一个指针变量。下面的赋值不合法：

```
*pointer_1 = 100;
```

3. Keil C51 的指针类型

C51 支持一种“基于存储器”的指针类型。这种指针可以高效地访问对象，其长度可为1字节（idata *，data *，pdata *）或2字节（code *，xdata *）。编译时，对这类操作一般会进行“行内”编码，而无需进行库调用。例如：

```
char code *p;
```

4. 指针作为函数参数

① 指针用于读取一个字符串。

例如，液晶显示器 RTC1602C 的显示字符串函数名如下：

```
void Write_string(uchar x,y,uchar code *p)
```

而在主函数 main( ) 中有如下语句：

```
Write_string(0,1,"Password:");
```

主函数调用字符串函数时，将字符串“Password:”的首地址送到指针变量 p 中，这样字符串函数就可以访问字符串“Password:”了，由于该字符串是固定常数，因此定义指针变量时，其存储类型为 code。

② 指针用于读取一个数组。

例如，液晶显示器 TG12864 的显示 1 个汉字的函数名如下：

```
void writeHan(uchar x,y,z,uchar code *p)      //写一个汉字 16×16
```

而在主函数 main( ) 中有如下语句：

```
writeHan(2,32,0,hanzi_ZM[0]);           //欢迎使用
writeHan(2,48,0,hanzi_ZM[1]);
writeHan(2,64,0,hanzi_ZM[2]);
writeHan(2,80,0,hanzi_ZM[3]);
```

其中字模数据的二维数组定义为：

```
unsigned char code hanzi_ZM[ ][32] = {
/* - - 0 文字: 欢 - - */
/* - - 宋体 12; 此字体下对应的点阵为:宽 x 高 = 16x16 - - */
0x14,0x24,0x44,0x84,0x64,0x1C,0x20,0x18,0x0F,0xE8,0x08,0x08,0x28,0x18,0x08,0x00,
0x20,0x10,0x4C,0x43,0x43,0x2C,0x20,0x10,0x0C,0x03,0x06,0x18,0x30,0x60,0x20,0x00,
//其他字模数据省略
/* -- 1 文字: 迎 -- */
/* -- 2 文字: 使 -- */
/* -- 3 文字: 用 -- */
};
```

实参 hanzi_ZM[0]为汉字“欢”的首地址，等效于 & hanzi_ZM[0] [0]；
实参 hanzi_ZM[1]为汉字“迎”的首地址，等效于 & hanzi_ZM[1] [0]；
实参 hanzi_ZM[2]为汉字“使”的首地址，等效于 & hanzi_ZM[2] [0]；
实参 hanzi_ZM[3]为汉字“用”的首地址，等效于 & hanzi_ZM[3] [0]。

2.4.4 任务 2-4-2 两级菜单显示界面的实现

一、任务要求

在 TG12864 液晶模块上，显示设置参数界面，然后显示一个小球，以一定速度左右往返若干次。

二、任务 2-4-2 的实施

1. 硬件电路的设计

硬件电路的设计与任务 2-4-1 相同。

2. 程序的设计

通过两级汉字菜单，设置往返次数、运动速度后，系统按照参数运行。

该程序流程图如图 2-50 所示。

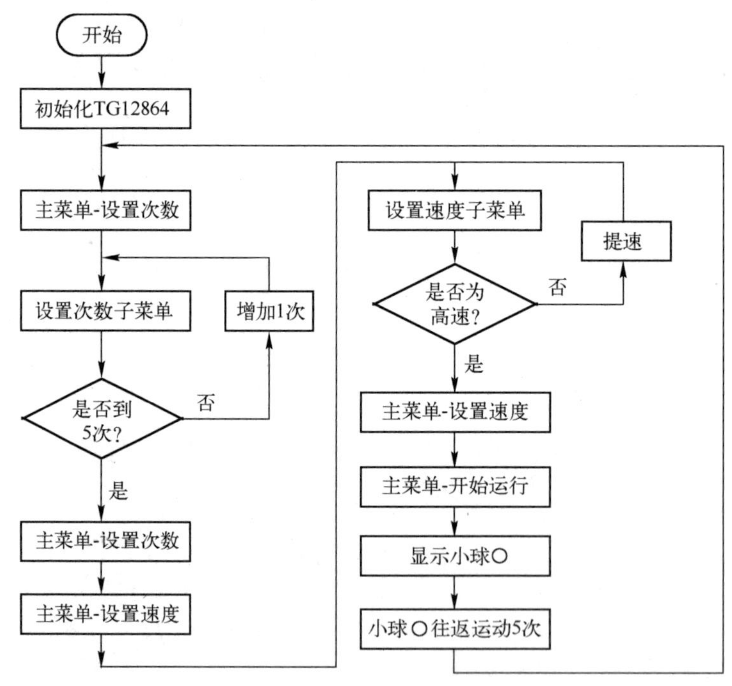

图 2-50 TG12864 两级菜单显示的程序流程图

任务 2-4-2 的程序清单：

```
/ ***************有关文件包含、定义略去，参见任务 2-4-1 ********************* /
```

```
uchar line;              //主菜单选项，0：设置次数；1：设置速度；2：开始运行
uchar speed;             //速度标志
uchar count;             //往返次数

/************************中文字库16列×16行***************************/
uchar code hanzi_ZM[][32] = {…};

/************************ASCII字库8列×16行**************************/
uchar char code shuzi_ZM[][16] = {…};

/*******************有关基本函数略去，参见任务2-4-1*******************/

void menu1()                              //主菜单
{
   uchar z;
   if(0 == line)
   z = 1;
   else
   z = 0;
   writeHan(1,32,z,hanzi_ZM[0]);          //显示"设置次数"
   writeHan(1,48,z,hanzi_ZM[1]);
   writeHan(1,64,z,hanzi_ZM[4]);
   writeHan(1,80,z,hanzi_ZM[5]);

   if(1 == line)
   z = 1;
   else
   z = 0;
   writeHan(3,32,z,hanzi_ZM[0]);          //显示"设置速度"
   writeHan(3,48,z,hanzi_ZM[1]);
   writeHan(3,64,z,hanzi_ZM[2]);
   writeHan(3,80,z,hanzi_ZM[3]);

   if(2 == line)
   z = 1;
   else
   z = 0;
   writeHan(5,32,z,hanzi_ZM[6]);          //显示"开始运行"
   writeHan(5,48,z,hanzi_ZM[7]);
   writeHan(5,64,z,hanzi_ZM[8]);
   writeHan(5,80,z,hanzi_ZM[9]);
}
```

```
void menu2()                                  //设置“往返次数”子菜单
{
  writeHan(3,20,0,hanzi_ZM[10]);              //“往返次数”正常显示
  writeHan(3,36,0,hanzi_ZM[11]);
  writeHan(3,52,0,hanzi_ZM[4]);
  writeHan(3,68,0,hanzi_ZM[5]);
  writeAscii(3,84,0,shuzi_ZM[10]);
  writeAscii(3,92,1,shuzi_ZM[count/10]);      //数字反白显示
  writeAscii(3,100,1,shuzi_ZM[count%10]);
}
void menu3()                                  //设置“运行速度”子菜单
{
  writeHan(3,20,0,hanzi_ZM[8]);               //“运行速度”正常显示
  writeHan(3,36,0,hanzi_ZM[9]);
  writeHan(3,52,0,hanzi_ZM[2]);
  writeHan(3,68,0,hanzi_ZM[3]);
  writeAscii(3,84,0,shuzi_ZM[10]);
  writeHan(3,92,1,hanzi_ZM[12 + speed]);      //数字反白显示
}

void main()                                   //主函数
{
  char kk;
  initTG12864();                              //初始化 TG12864

  while(1)
  {
      line =0;
      clrscr();                               //显示主菜单，选中“设置次数”功能
      menu1();

      delayms(922 * 3);                       //3 秒进入设置次数子菜单
      clrscr();
      menu2();                                //显示往返次数

      delayms(922 * 2);

      while(count! =5)                        //模拟人工操作，往返次数加到 5 结束
      {
           count ++;                          //每 2 秒往返次数加 1
           menu2();
           delayms(922 * 2);
      }
```

```
clrscr();                               //设置完毕,回主菜单
menu1();
delayms(922 * 2);                       //延时 2 秒自动选中"设置速度"功能
line ++;
menu1();

delayms(922);                           //延时 1 秒自动进入"运行速度"子菜单界面
clrscr();
menu3();
delayms(922 * 2);

while(speed! =2)                        //设置为高速,speed =0:低速;1:中速;2:高速
{
        speed ++;
        menu3();
        delayms(922 * 2);               //每 2 秒速度切换一次
}

delayms(922);                           //设置完毕回主菜单"设置速度"界面
clrscr();
menu1();

delayms(922 * 2);                       //延时 2 秒进入运行界面
line ++;
menu1();

delayms(922);                           //延时 1 秒开始运行
clrscr();

writeHan(3,0,0,hanzi_ZM[15]);           //显示○,其最左、最右 1 列均为空白

for( ;count >0;count -- )               //往返次数,决定循环次数
   {
   for(kk =0;kk <128 -16;kk ++ )        //前往目的地
   {
        writeHan(3,kk,0,hanzi_ZM[15]);  //显示○,自动擦除左边 1 列图像
        delayms(50 * (2 - speed) +50);
                                        //低速:speed =0;延时时间为 150ms
                                        //中速:speed =1;延时时间为 100ms
                                        //高速:speed =2;延时时间为 50ms
   }
```

```
            for(kk = 128 - 16;kk >= 0;kk -- )         //返回出发地
            {
                writeHan(3,kk,0,hanzi_ZM[15]);//显示○，自动擦除右边 1 列图像
                delayms(50 * (2 - speed) + 50);
            }
        }
        count = speed = 0;                            //运行完毕回主菜单，变量清 0
    }
}
```

本单元技能重点考核内容小结：

掌握发光二极管、数码管、字符型液晶显示器 RTC1602、点阵型液晶显示器 TG12864 的程序设计，掌握单片机系统中显示信息的基本方法。

习题与实训

1. 编程实现复杂流水灯。任务要求：单片机控制 8 个发光二极管从左到右间隔 1s 依次点亮，当最右边发光二极管亮 1s 后，又从右到左间隔 1s 依次点亮，如此循环。视觉效果上，一个亮的灯不停左右往返流动。

2. 编程实现复杂电子秒表。任务要求：右边四位数码管能实现 000.0 ~ 999.9s 的循环计数。当秒数值计满 999.9，秒数值清零，然后反复循环。要求计时精确到 0.1s。

3. 编程实现复杂电子钟。任务要求：能实现电子钟的准确计时外，在 12:05:00 时，系统蜂鸣器响 10 声，实现闹钟功能。

4. 修改项目 2.4 中的任务 2-4-2，将小球左右往返次数改为 10 次、移动速度改为中速，试编程实现。

5. 修改项目 2.4 中的任务 2-4-2，将小球左右往返改为上下往返，试编程实现。

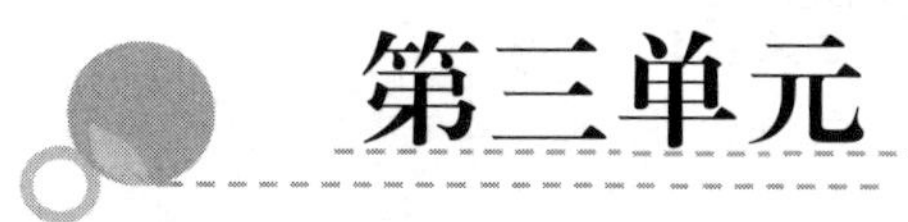

第三单元

单片机系统的键盘

综合教学目标

掌握常见按键的程序设计，掌握通过按键与显示界面实现单片机系统的输入输出功能。

主要内容

项目 3.1 按键计数器、项目 3.2 抢答器、项目 3.3 简易计数器、项目 3.4 密码锁，介绍了独立按键、矩阵键盘的程序设计，并介绍了状态机的程序设计思想。

岗位技能综合职业素质要求：掌握规范的 C51 程序书写格式，掌握结构化程序设计方法。

YL-236 装置将单片机系统中常用按键输入设备，集中在 MCU06 指令模块上，其照片如图 3-1 所示，其电路原理图请参考附录。

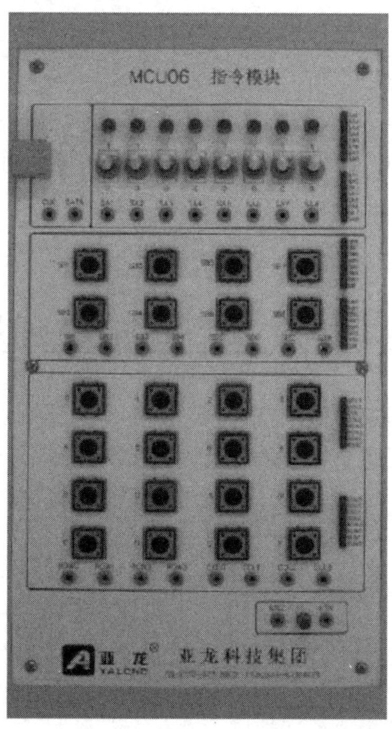

图 3-1　YL-236 装置中的 MCU06 指令模块

项目 3.1　按键计数器

3.1.1 项目描述

使用 YL-236 装置的模块搭建一个按键计数系统，要求具有以下功能：

① 使用 8 个独立按键，按下任意键，计数值加 1，计数值范围是“000～999”；

② 八位数码管的右 3 位显示计数值，最左边的 1 位数码管显示按下的键值，其余数码管显示“－”。

3.1.2 项目分析

通过项目描述，实现本项目需完成以下工作：

1. 硬件电路的设计

（1）键盘输入部分

将 8 个按键与单片机连接，使单片机能检测按键的状态。

（2）数码管显示部分

将单片机与数码管显示器连接，通过数据总线、控制总线来控制数码管的显示。

2. 程序的设计

① 按键扫描函数：利用延时消除按键抖动影响，两次确认有效按键后，翻译键值；该函数还要处理同一个按键的连按问题。

② 主程序：开机后，8 位数码管全部显示“－”。扫描按键判断是否有键按下。有键按下，则返回有效键值；无按键按下，则返回无效键值。若返回键值有效，根据键值更新显示缓冲区的 a[7]，计数值加 1，根据计数值更新显示缓冲区 a[0]～a[7]；调用数码管动态显示。

3.1.3 任务 3-1-1　了解独立式按键的工作原理

独立式按键是直接用 I/O 口线构成的按键检测电路，其特点是每个按键单独占用一个 I/O 口，每个按键的工作不会影响其他 I/O 线的状态。独立式按键的典型应用如图 3-2 所示。

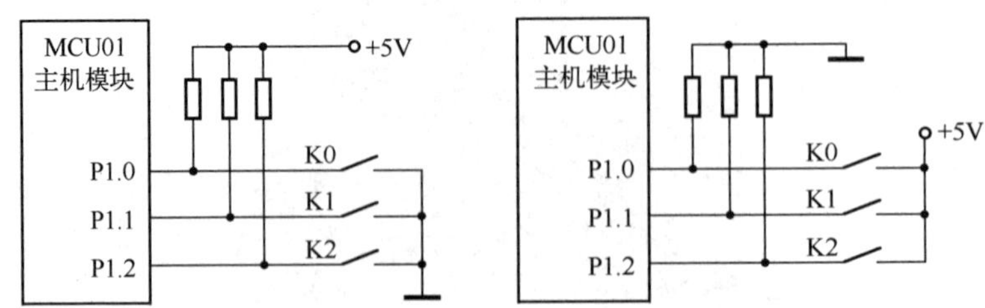

图 3-2　独立式按键典型应用

独立式按键电路配置灵活，软件结构简单，但每个按键必须占用一个 I/O 口，因此，按键较多时，占用较多 I/O 口，不宜采用。

目前常用的按键大部分都是机械式按键，利用了机械触点的通断作用，通过机械触点的闭合与断开，实现了电压信号高低的输入。机械式开关的闭合与断开的瞬间均有抖动过程，抖动过程如图 3-3 所示，抖动时间的长短与开关的机械特性相关，一般为 5 ~ 25ms。

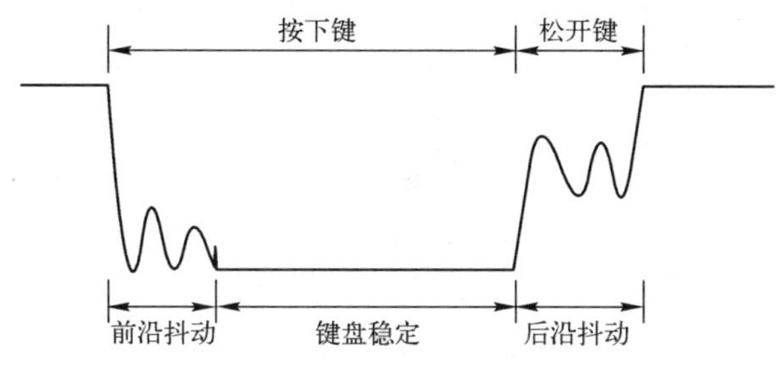

图 3-3 按键抖动过程

在触点抖动期间检测按键的通断状态，可能导致判断出错，即按键的一次按下或释放被错误地判别为多次按下。为了克服按键触点机械抖动所致的误判，必须采取硬件或软件方法消除抖动。

- 硬件消抖：可在键输出端加 R－S 触发器（双稳态触发器）或单稳态触发器构成去抖动电路。图 3-4（a）是一种由 R－S 触发器构成的去抖动电路，当触发器一旦翻转，触点抖动不会对其产生任何影响。

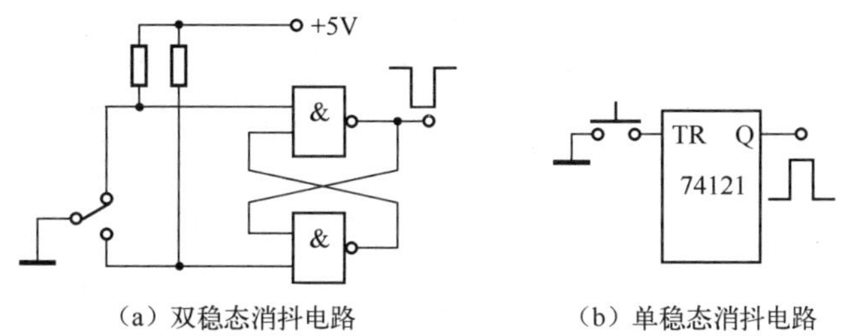

（a）双稳态消抖电路　　（b）单稳态消抖电路

图 3-4 按键去抖动电路

- 采用软件消抖的方法是：在检测到有按键按下时，执行一个 5 ~ 10ms 的延时程序后，若再次检测，仍保持闭合状态电平，则确认该按键有效，否则按键无效。

3.1.4 任务 3-1-2 按键计数器（基于软件延时消抖）的实现

1. 硬件电路设计

本项目主要使用 YL-236 装置中的四个模块：MCU01 主机模块、MCU02 电源模块、MCU04 显示模块、MCU06 指令模块，接线图如图 3-5 所示。

2. 程序的设计

本项目程序设计主要完成两部分：按键扫描函数，主函数。

按键扫描函数使用延时去抖来实现，其程序流程图如图 3-6（a）所示。其中连按标志用于识别某按键的按下是否已经得到系统响应，避免对一次按键操作做出多次响应。

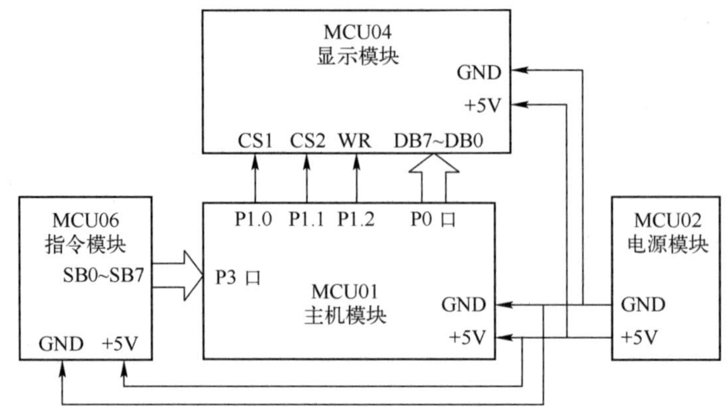

图 3-5 键盘显示硬件接线图

按键计数器主函数的流程图如图 3-6（b）所示。

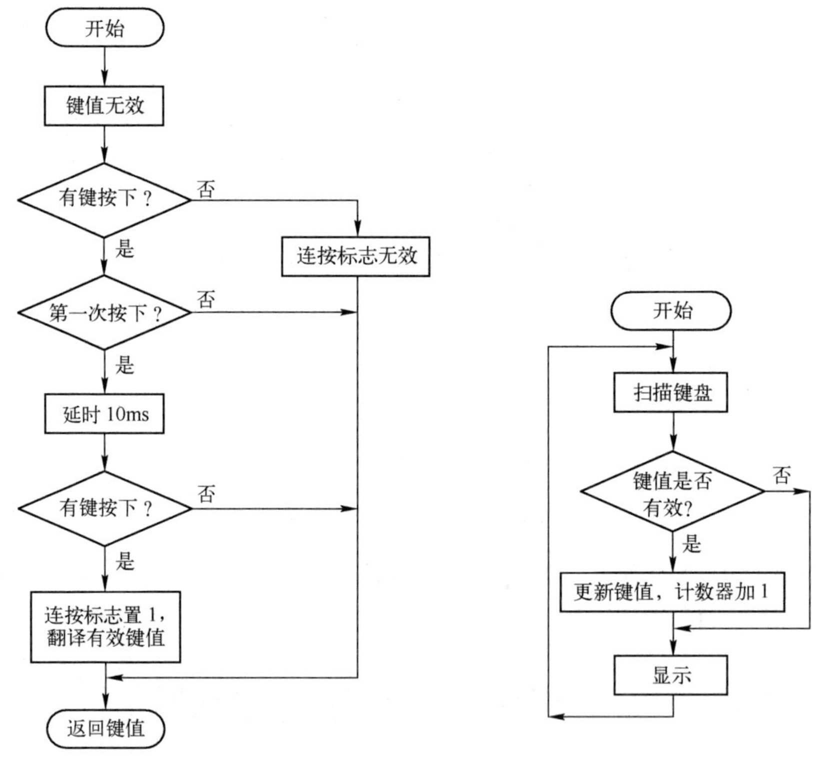

图 3-6 按键计数器的程序流程图

任务 3-1-2 “按键计数器”的程序清单：

```
#include < at89x52. h >                //包含 89x52 头文件
#include < intrins. h >                //包含 intrins 头文件
#define uint unsigned int              //无符号整型定义
```

```
#define uchar unsigned char                //无符号字符型定义
#define out0 P0                            //定义 out0 为 P0 口
#define key P3

sbit LED_CS1 = P1^0;                       //数码管段选信号端
sbit LED_CS2 = P1^1;                       //数码管位选信号端
sbit LED_WR = P1^2;                        //数码管写信号端

uchar a[8];                                //数码管八位显示缓冲区
uchar code TAB[ ] = {                      //共阳极数码管字模
        0xc0,0xf9,0xa4,0xb0,0x99,0x92,0x82,0xf8,0x80,0x90,     //0123456789
        0x88,0x83,0xc6,0xa1,0x86,0x8e,              //abcdef
        0xff,0xbf                          //熄灭 —
};

uchar lian;                                //连按标志位

void delayms(uint x)                       //函数省略，请参考任务 2-1-2
void writeDuan(uchar x)                    //写段码函数省略，请参考任务 2-2-1
void writeWei(uchar x)                     //写位码函数省略，请参考任务 2-2-1
void display( )                            //显示函数省略,请参考任务 2-2-1

uchar scanKey( )                           //键盘函数
{
    uchar keyPress;                        //临时键值
    uchar keynum;                          //返回键值
    keynum = 0xff;                         //键值无效

    key = 0xff;                            //输出 8 个 1，准备读
    _nop_( );
    keyPress = key;                        //读出临时键值

    if(keyPress! = 0xff)                   //是否有键按下
    {
        if(lian == 0)                      //连按标志：0 为第一次按下；否则为连按
        {
            delayms(10);                   //去抖
            keyPress = key;                //读出临时键值
            if(keyPress! = 0xff)           //再次判断是否有键按下
            {
                lian = 1;                  //连按标志位置位

                switch(keyPress)           //翻译键值
```

```
                {
                    case 0xfe:keynum = 1;       break;
                    case 0xfd:keynum = 2;       break;
                    case 0xfb:keynum = 3;       break;
                    case 0xf7:keynum = 4;       break;
                    case 0xef:keynum = 5;       break;
                    case 0xdf:keynum = 6;       break;
                    case 0xbf:keynum = 7;       break;
                    case 0x7f:keynum = 8;       break;
                    default: lian = 0;          break;
                }
            }
        }
    }
    else                                        //若无键按下
    lian = 0;                                   //连按标志位复位
    return(keynum);                             //返回键值
}

void main( )                                    //主函数
{
    uint number = 0;
    uchar i,keydata;
    for(i = 0;i < 8;i ++ )                      //给显示缓冲区赋值为 -
    a[i] = 17;

    while(1)                                    //主循环
    {
        keydata = scanKey( );                   //扫键盘

        if(keydata! = 0xff)                     //键值有效
        {
            a[7] = keydata;                     //最左边位显示键值

            number ++ ;
            if(number > 999)
            number = 0;

            a[2] = number/100;
            a[1] = number/10% 10;
            a[0] = number% 10;
        }
```

```
            display( );                     //调用显示函数
        }
    }
```

项目3.2　抢　答　器

3.2.1　项目描述

在一些娱乐节目中，经常会使用到抢答器，本项目利用 YL236 装置制作一个带数码管显示的抢答器。功能要求如下。

① 使用 8 个独立按键，1 ~ 7 键为抢答键，8 键为复位键。

② 抢答开始前 8 个数码管显示“ - ”，当 1 ~ 7 键中某一键抢答成功时，最右边数码管显示抢答成功的键值（1 ~ 7），同时按下其他键无效。按下 8 键，抢答器复位，可以开始抢答。

3.2.2　项目分析

1. 硬件电路的设计

电路要求与按键计数器一样，请参考项目 3. 1 的相关部分。

2. 程序的设计

（1）按键扫描函数：基于状态机消除按键抖动影响，确认有效按键后，翻译键值；该函数还要处理同一个按键的连按问题。

（2）主程序：开机后，8 位数码管全部显示“ - ”。扫描按键判断是否有键按下。有键按下，则返回有效键值；无按键按下，则返回无效键值。若返回键值有效，根据键值更新抢答显示缓冲区的 a[0]，或复位抢答器；调用数码管动态显示。

3.2.3　任务 3-2-1　按键状态机的原理

一、延时消抖的缺点

系统检测到有按键按下后，延时 10 ~ 20ms 后，再检测按键状态，如果仍为按下状态，则确认按键有效。这种方法的缺点是：延时期间单片机无法进行其他工作，使单片机的效率降低。为了解决上述问题，我们引入有限状态机的思想。

二、有限状态机

有限状态机（FSM）是实时系统设计中的一种数学模型，是一种重要的、易于建立的、应用比较广泛的、以描述控制特性为主的建模方法，它可以应用于从系统分析到设计（包括硬件、软件）的所有阶段。

一般有两种方法建立有限状态机：状态转移图和状态转移表。其中，状态转移图能够清楚直观地看清各状态间的关系，便于对系统进行分析。

三、按键的状态机

把按键看成是一个有限状态机，首先要对一次按键操作和确认的过程进行分析，根据实际的情况确定按键在整个过程中的状态，每个状态的输入及输出信号，以及各状态间的转换关系，最后要考虑状态机的时间间隔（节拍）问题。

由于按键扫描中需要进行消抖处理，因此取状态机的时间间隔为10ms，这样既达到消抖的目的，又使单片机能处理其他任务，提高了系统工作效率。

将一次按键的操作过程分解为3个状态，扫描时间间隔为10ms。如图3-7所示为按键有限状态机的状态转换图，下面对该图进行分析和说明，并根据状态图给出软件实现的方法。

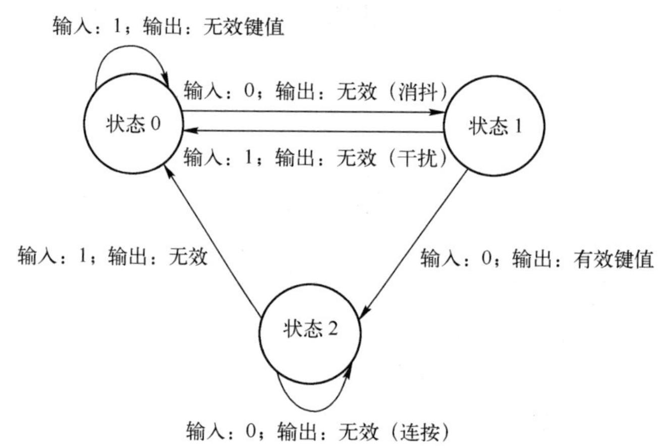

图3-7　按键有限状态机的状态转换图

在图3-7中，状态0：无按键，空闲状态；状态1：有键按下；状态2：连按状态。当按键输入为“1”时，表示无键按下，输入电平为高；当按键输入为“0”，表示有键按下。

在状态0时，若无键按下，输出无效键值，状态不改变；若有键按下，即进入状态1，但输出还是无效键值（没有经过消抖，不能确认按键真正按下）。

在状态1时，若检测到按键输入为“0”，由于在10ms前有键按下，可以确认按键有效，输出有效键值，同时状态变为状态2；若检测到按键输入为“1”，表示按键处在抖动期或存在干扰信号，输出无效键值，状态返回状态0，这样就达到了消抖的目的。

在状态2时，若检测到按键输入为“0”，说明已处理的同一个按键处于连按状态，由于不能多次响应同1次按键操作，因此输出无效键值，状态不改变；若检测到按键输入为“1”，说明按键已释放，输出无效键值，状态返回状态0。

3.2.4 任务 3-2-2　抢答器（基于状态机消抖）项目实训

1. 硬件电路设计

模块接线图与项目 3.1 相关部分相同。

2. 程序设计

本项目程序设计主要完成两部分：按键扫描函数、主函数。

按键扫描函数使用状态机去抖。抢答器主函数的流程图如图 3-8 所示。

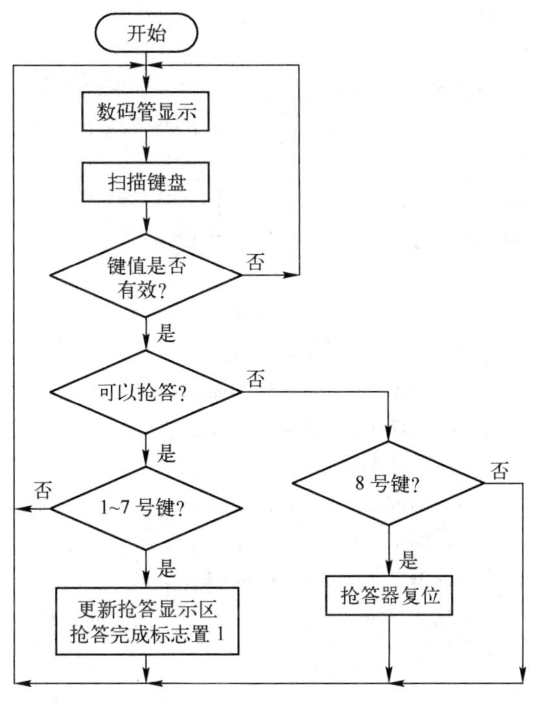

图 3-8　抢答器主函数的程序流程图

任务 3-2-2 “抢答器”的程序清单：

```
/ ********有关文件包含、定义略去,参见任务 3-1-2 的程序清单 **************************/

uchar keynum;                          //键值
uchar keystate;                        //键盘状态

void delayms( uint x)                  //函数省略,请参考任务 2-1-2
void writeDuan( uchar x)               //写段码函数省略,请参考任务 2-2-1
void writeWei( uchar x)                //写位码函数省略,请参考任务 2-2-1
void display( )                        //显示函数省略,请参考任务 2-2-1

void scanKey( )                        //键盘函数
```

```
{
    uchar keyPress;                         //临时键值

    keynum = 0xff;                          //键值无效
    key = 0xff;                             //准备读
    _nop_( );
    keyPress = key;                         //读出临时键值
    if( keyPress! = 0xff)                   //有键按下
    {
        switch( keystate)                   //状态 switch
        {
            case 0: keystate = 1; break;    //若为空闲状态则进入状态 1（去抖）
            case 1:                         //真的有键按下
            {
                keystate = 2;               //转入连按状态
                switch( keyPress)           //译键值
                {
                    case 0xfe:keynum = 1;break;
                    case 0xfd:keynum = 2;break;
                    case 0xfb:keynum = 3;break;
                    case 0xf7:keynum = 4;break;
                    case 0xef:keynum = 5;break;
                    case 0xdf:keynum = 6;break;
                    case 0xbf:keynum = 7;break;
                    case 0x7f:keynum = 8;break;
                    default: keystate = 0;break;  //无效值处理
                }
            }break;
        }
    }
    else                                    //若无键按下
    keystate = 0;                           //状态复位
}

void main( )                                //主函数
{
    uchar i;
    uchar ok;                               //抢答完成标志位：=0（未完成）；=1（完成）
    for( i = 0;i < 8;i ++ )                 //给显示缓冲区赋值为—
    a[ i] = 17;

    while(1)                                //主循环
    {
```

```
            display( );                      //显示函数显示一遍需约 16ms，以产生键盘状态
                                             //机所需的时间节拍
            scanKey( );                      //扫描键盘

            if( keynum! =0xff)               //键值有效
            {
                if(0 == ok)                  //在抢答未完成时
                {
                    if( keynum <8)           //键值为 1 ~7
                    {
                        a[0] =keynum;        //显示键值
                        ok =1;               //抢答完成标志有效
                    }
                }
                else                         //在抢答完成时
                {
                    if( keynum ==8)          //键值为 8：复位键
                    {
                        ok =0;               //改为未完成
                        a[0] =17;            //取消显示的键值
                    }
                }
            }
        }
    }
```

项目 3.3　简易计算器

3.3.1　项目描述

在生活中，一些产品按键数量较多，例如电话、计算器、密码锁等，由于使用独立按键会占用较多单片机 I/O 口，因此一般使用矩阵式键盘。

简易计算器功能要求：

① 使用 4 ×4 矩阵键盘，能够进行两位正整数的加、减、乘、除四则运算；

② 用液晶显示器 RTC1602 进行显示。

本项目分解为 2 个任务。

任务 3-3-1：了解矩阵键盘的工作原理及反转法。

任务 3-3-2：简易计算器（反转法）的实现。

3.3.2 项目分析

通过项目描述，实现本项目需完成以下工作：

1. 硬件电路的设计

（1）键盘输入部分

将 4×4 矩阵键盘与单片机连接，单片机能区分各个按键。

（2）液晶显示器部分

将单片机与液晶显示器 RTC1602 连接，通过数据总线、控制总线来控制其显示。

2. 程序的设计

（1）按键扫描函数：利用延时或状态机消除按键抖动影响，两次确认有效按键后，通过反转法获得按键行列位置，翻译键值；该函数还要处理同一个按键的连按问题。

（2）主程序：通过调用按键扫描函数，获得按键操作的信息，对按键进行相关处理，完成计算器的功能。

3.3.3 任务 3-3-1 了解矩阵键盘的工作原理及反转法

一、矩阵键盘的工作原理

矩阵键盘又称行列式键盘，由行线、列线、多个按键组成，按键位于行、列线的交叉点上，行、列线分别连接到按键的两端，列线通过上拉电阻连接到 +5V 上，接口电路如图 3-9 所示。

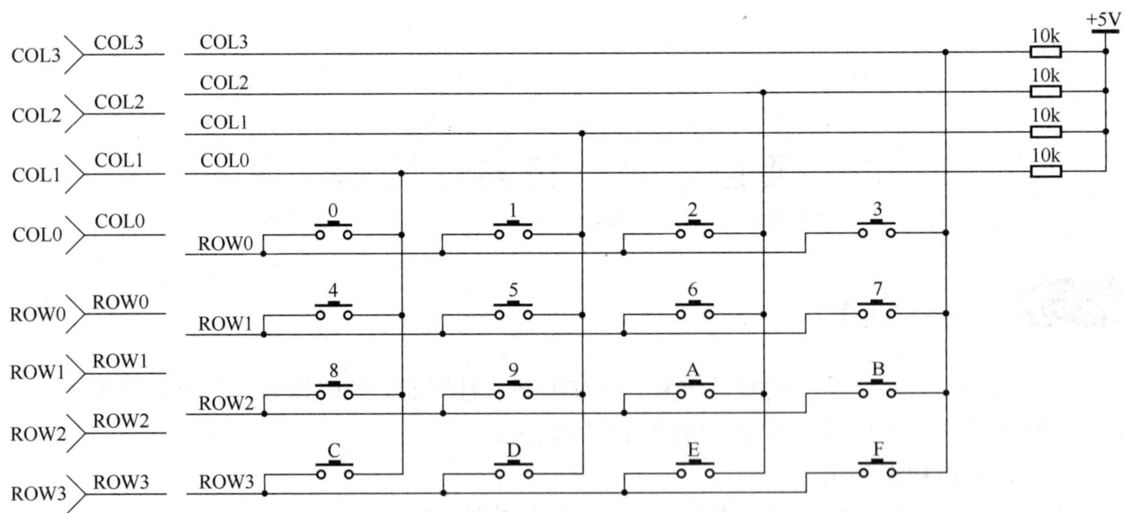

图 3-9 矩阵键盘接口电路

单片机的一些 I/O 口与行线、列线相连，并通过行线（或列线）输出低电平，检测列线（或行线）的反馈信号，从而判定是哪行哪列处的按键按下。4×4 矩阵键盘可以扫描 16

个按键，也可变化为2×3矩阵键盘（6个按键）、4×5矩阵键盘（20个按键）等形式。

二、反转法介绍

矩阵键盘扫描最常使用反转法。当使用反转法时，键盘的行、列线都要通过上拉电阻连接到+5V上（单片机P1～P3口内部均有上拉电阻）。反转法只要经过2步就能确定按下键的行列值。

首先，将矩阵键盘的行线设为输出线，列线设为输入线，使行线全部输出低电平，当某列线出现低电平时，则该列为按键所在列。

其次，将矩阵键盘的行列线功能反转：将列线设为输出线，行线设为输入线，使列线全部输出低电平，当某行线出现低电平时，则该行为按键所在行。

根据行值与列值就能确定按键的位置，并做相应的处理。

将反转法与前面介绍的两种消抖方法相结合能编写2种矩阵键盘扫描程序。

（1）基于状态机消抖的反转法键盘扫描程序

```
#define key P3                          //定义key为P3口
uchar keynum, keystate;                 //键值、按键状态
void scanKey( )                         //键盘函数
{
    uchar keypress;                     //临时键值
    uchar col;                          //键盘列信息
    uchar row;                          //键盘行信息
    keynum = 0xff;                      //键值无效

    key = 0xf0;                         //低4位输出0(扫描),高4位输出1(回读)
    _nop_( );
    col = key&0xf0;

    key = 0x0f;                         //高4位输出0(扫描),低4位输出1(回读)
    _nop_( );
    row = key&0x0f;

    keypress = col|row;

    if(keypress! = 0xff)                //是否有键按下
    {
        switch(keystate)                //状态switch
        {
            case 0: keystate = 1; break;  //若为空闲状态则状态为1(去抖)
            case 1:                     //真的有键按下
            {
                keystate = 2;           //转入连按无效状态
                switch(keypress)        //译键值
```

```
                {
                    case 0xee:keynum =0; break;
                    case 0xde:keynum =1; break;
                    case 0xbe:keynum =2; break;
                    case 0x7e:keynum =3;break;

                    case 0xed:keynum =4; break;
                    case 0xdd:keynum =5; break;
                    case 0xbd:keynum =6; break;
                    case 0x7d:keynum =7;break;

                    case 0xeb:keynum =8; break;
                    case 0xdb:keynum =9; break;
                    case 0xbb:keynum =10; break;
                    case 0x7b:keynum =11;break;

                    case 0xe7:keynum =12;break;
                    case 0xd7:keynum =13; break;
                    case 0xb7:keynum =14;break;
                    case 0x77:keynum =15;break;
                    default:keystate =0;    break;      //若为干扰
                }
            }
        }
    }
    else                                    //若无键按下
    keystate =0;                            //状态复位
}
```

(2) 基于软件延时消抖的反转法键盘扫描程序

具体程序将在简易计算器的软件设计中介绍。

3.3.4 任务 3-3-2 简易计算器（反转法）的实现

1. 硬件电路的设计

本项目主要使用 YL - 236 装置中的四个模块：MCU01 主机模块、MCU02 电源模块、MCU04 显示模块、MCU06 指令模块。模块接线图如图 3-10 所示，其中 ROW0 ~ COL3 与单片机的 P3 口可用排线连接，但要注意顺序：ROW0 接 P3. 0，COL3 接 P3. 7。

2. 程序的设计

本项目中的键盘扫描函数用反转法来实现，采用软件延时消抖。

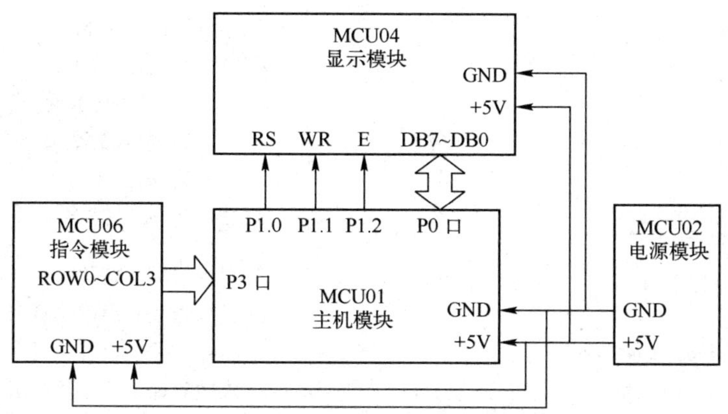

图 3-10　简易计算器的模块接线图

任务 3-3-2 “简易计算器”的程序清单：

```
#include <at89x52.h>                          //包含 89x52 头文件
#include <intrins.h>                          //包含 intrins 头文件
#include <math.h>
#define uint unsigned int                     //无符号整型定义
#define uchar unsigned char                   //无符号字符型定义
#define out0 P0                               //定义 out0 为 P0 口
#define key P3                                //定义 key 为 P3 口
/* -----------------------------
ROW0 接 P3.0,COL3 接 P3.7。
----------------------------- */

sbit RS_1602 = P1^0;                          //RTC1602 数据（1）/指令（0）选择端
sbit WR_1602 = P1^1;                          //RTC1602 读（1）/写（0）信号选择端
sbit E_1602 = P1^2;                           //TRC1602 使能端

uchar keynum;                                 //键值
uchar lian;                                   //连按标志

char numa;                                    //运算数 a
char numb;                                    //运算数 b
int numc;                                     //运算数（结果）
uchar wei;                                    //输入数的位数

uchar fu;                                     //负号标志，0 为正数；1 为负数
uchar digit;                                  //输入数据长度
uchar symbol[16];                             //输入表达式数组
uchar code number[] = {"0123456789+-*/="}; //ASCII 码表
```

```
uchar state;                                      //计算器的状态机:
                                                  //     0: 输入数 1
                                                  //     1: 输入运算符
                                                  //     2: 输入数 2
                                                  //     3: 输入等号
                                                  //     4: 显示结果

void delayms(uint x)                              //函数省略，请参考任务 2-1-2
void busy()                                       //函数省略，请参考任务 2-3-1
void writeData(uchar x)                           //函数省略，请参考任务 2-3-1
void writeOrder(uchar x)                          //函数省略，请参考任务 2-3-1
void init1602()                                   //函数省略，请参考任务 2-3-1
void writeByte(uchar x,y,dod)                     //函数省略，请参考任务 2-3-1
void writeString(uchar x,y,uchar code *p)         //函数省略，请参考任务 2-3-1

void scanKey()                                    //键盘函数
{
    uchar keypress;                               //临时键值
    uchar col;                                    //键盘列信息
    uchar row;                                    //键盘行信息
    keynum = 0xff;                                //键值无效

    key = 0xf0;                                   //准备读
    _nop_();
    if((key&0xf0)! = 0xf0)                        //是否有键按下
    {
        if(lian == 0)                        //判断连按标志，=0（第一次按下）；=1（连按）
        {
            delayms(10);                          //去抖
            if((key&0xf0)! = 0xf0)                //再次判断是否有键按下
            {
                col = key&0xf0;                   //获取列信息
                key = 0x0f;                       //反转
                _nop_();
                row = key&0x0f;                   //获取行信息
                keypress = col|row;               //合成键值

                lian = 1;                         //连按标志位置位
                switch(keypress)                  //译键值
                {
                    case 0xee:keynum = 0;break;             //0
                    case 0xde:keynum = 1;break;             //1
                    case 0xbe:keynum = 2;break;             //2
                    case 0x7e:keynum = 3;break;             //3
```

```
                    case 0xed:keynum =4;break;                  //4
                    case 0xdd:keynum =5;break;                  //5
                    case 0xbd:keynum =6;break;                  //6
                    case 0x7d:keynum =7;break;                  //7

                    case 0xeb:keynum =8;break;                  //8
                    case 0xdb:keynum =9;break;                  //9
                    case 0xbb:keynum =10;break;                 // +
                    case 0x7b:keynum =11;break;                 // -

                    case 0xe7:keynum =12;break;                 // *
                    case 0xd7:keynum =13;break;                 // ÷
                    case 0xb7:keynum =14;break;                 // =
                    case 0x77:keynum =15;break;                 //复位
                    default:                         //若为干扰
                    {
                        keynum =0xff;
                        lian =0;
                    }
                }
            }
        }
    }
    else                                             //若无键按下
    lian =0;                                         //连按标志位复位
}

void numcQ()                                         //numc 的千位显示
{
    if((numc/1000)! =0)
    {
        writeByte(1,digit,number[numc/1000]);
        digit ++;                                    //显示后长度（位置）加 1
    }
}

void numcB()                                         //numc 的百位显示
{
    writeByte(1,digit,number[numc/100%10]);
    digit ++;                                        //显示后长度（位置）加 1
}
```

```
void numcS()                                  //numc 的十位显示
{
    writeByte(1,digit,number[numc/10%10]);
    digit++;                                  //显示后长度（位置）加 1
}

void numcG()                                  //numc 的个位显示
{
    writeByte(1,digit,number[numc%10]);
}

void numcDisplay()                            //numc 整体显示
{
    numcQ();
    numcB();
    numcS();
    numcG();
}

void add()                                    //加法运算
{
    numc = numa + numb;
    numcDisplay();                            //显示结果
}

void subtract()                               //减法运算
{
    fu = (numa < numb)? 1:0;                  //fu=1：负数；0：整数
    numc = abs(numa - numb);                  //绝对值运算 abs
    if(fu==1)                                 //是负数显示 -
    {
        writeByte(1,digit,'-');
        digit++;
    }
    numcDisplay();                            //显示结果
}

void multiply()                               //乘法运算
{
    numc = (uint)numa * numb;
    numcDisplay();                            //显示结果
}
```

```
void divide()                                    //除法运算
{
    numc = (uint)numa * 100/numb;
    numcQ();                                     //显示千位
    numcB();                                     //显示百位

    writeByte(1,digit,'·');                      //显示小数点
    digit ++;

    numcS();                                     //显示十位
    numcG();                                     //显示个位
}

void calcOutput()                                //“=”处理函数
{
    char i;

    for(i=0;i<digit;i++)                         //对数组进行搜索
    {
        if((symbol[i]=='+')||(symbol[i]=='-')||(symbol[i]=='*')||(symbol[i]=='/'))
                                                 //搜索运算符
        {
            if((i-1)>=0)                         //合成 numa 数据
            numa = (symbol[i-1]-0x30);

            if((i-2)>=0)                         //合成 numa 数据
            numa = (symbol[i-2]-0x30)*10+numa;

            if(symbol[i+2]=='=')                 //合成 numb 数据
            numb = (symbol[i+1]-0x30);

            if(symbol[i+3]=='=')                 //合成 numb 数据
            numb = (symbol[i+1]-0x30)*10+(symbol[i+2]-0x30);

            switch(symbol[i])                    //对运算符进行相应的处理
            {
                case '+': add();break;
                case '-': subtract();break;
                case '*': multiply();break;
                case '/': divide();break;
            }
            break;
        }
```

```
    }
}

void main()
{
    char i;
    init1602();                                     //初始化小液晶
    /* --------开机界面---------------- */
    writeString(0,4,"Welcome!");
    writeString(1,3,"calculator");
    delayms(922 * 2);
    loop:
    /* ------运算前对相应变量清0----------- */
    for(i=0;i<16;i++)                               //对表达式数组赋无效值
    symbol[i] =0xa0;
    fu = wei =0;
    digit =0;
    state =0;
    numa = numb = numc =0;
    /* -------运行界面------------------ */
    writeOrder(0x01);                               //清屏
    writeOrder(0x0f);                               //开光标
    writeString(0,0,"Input number:");
    writeByte(0,0x27,'');                           //将光标显示在第1行，第1格

    while(1)
    {
        scanKey();                                  //扫描键盘

        if(keynum! =0xff)
        {
            switch(state)                           //状态机
            {
                case 0:                             //输入数字1状态
                        if(keynum<10)               //0~9数字
                        {
                            symbol[digit] = number[keynum];     //将0~9，转换成ASCII
                                                                //写入表达式中
                            writeByte(1,digit,symbol[digit]);   //显示输入信息
                            digit++;                            //表达式长度增加

                            wei++;                              //输入数据的位数
                            if(wei>=2)                          //只能输入2位
```

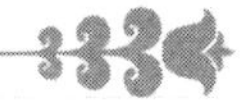

```
            state = 1;                                 //状态切换
        }

case 1:                                                //输入运算符状态
                                          //如果是运算符，且数据已输入1位
if((keynum >= 10)&&(keynum <= 13)&&(wei >= 1))
{
    symbol[digit] = number[keynum];                    //将运算符，转换成ASCII
                                                       //写入表达式中
    writeByte(1,digit,symbol[digit]);                  //显示输入信息
    wei = 0;                                  //输入数据已结束，数据位清0
    digit ++;                                          //表达式长度增加
    state = 2;                                         //切换状态
}
break;

case 2:                                                //输入数字2状态
if(keynum < 10)                                        //0 ~ 9数字
{
    symbol[digit] = number[keynum];                    //将0 ~ 9，转换成ASCII
                                                       //写入表达式中
    writeByte(1,digit,symbol[digit]);                  //显示输入信息
    digit ++;                                          //表达式长度增加
    wei ++;                                            //记入输入数据的位数
    if(wei >= 2)                                       //只能输入2位
    state = 3;                                         //状态切换
}

case 3:                                                //输入等号状态
{
    if(wei == 1)                    //除数不为0（输入1位数据0，后按下‘=’）
    {                                                  //在除法时输入非法数据
        if((symbol[digit - 1] == 0x30)&&(symbol[digit - 2]) =='/')
        {
            if(keynum == 14)
            {
                writeOrder(0x01);
                writeOrder(0x0c);
                writeString(0,1,"numb unlawful");
                delayms(2000);
                goto loop;
            }
        }
```

```
                }

                if(wei==2)                                    //除数不为0（输入两位数据0）
                {
                                                              //在除法时输入非法数据
                    if((symbol[digit-1]==0x30)&&(symbol[digit-2]==0x30)
                    &&(symbol[digit-3]=='/'))
                    {
                        writeOrder(0x01);
                        writeOrder(0x0c);
                        writeString(0,1,"numb unlawful");
                        delayms(2000);
                        goto loop;
                    }
                }

                                                              //如果输入2个数据后，按下"="
                if((keynum==14)&&(wei>=1))
                {
                    symbol[digit]=number[keynum];             //将"="，写入表达式
                    writeOrder(0x0c);                         //关光标
                    writeByte(1,digit,symbol[digit]);         //显示输入信息
                    wei=0;
                    digit++;
                    calcOutput();                             //对结果处理函数
                    state=4;
                }
            }break;
        }

        if(keynum==15)                                        //按下复位键，计算器复位
        goto loop;
    }
  }
}
```

项目3.4 密 码 锁

3.4.1 项目描述

随着科技的发展，越来越多的电子锁出现在日常生活和工作中。密码锁就是很常见的一

种电子锁，结合前面学习的显示和键盘，我们就能自己制作一个电子密码锁。具体功能要求：

① 上电后，RTC1602 第一行左起显示“Password:”，第二行左起显示闪烁的光标。

② 当按下矩阵键盘的数字键 0 ~ 9 时，RTC1602 第二行左起显示“＊”，再次按数字键，在第一个“＊”后面接着显示“＊”，依次类推，RTC1602 最多显示 6 个“＊”。当输完 6 位密码后，再次按数字键，蜂鸣器响 1s 提示操作无效。

③ 当按下删除键时，将删除最右边的一位密码。

④ 当按下确定键后，将输入密码与设定密码进行比较，如果密码正确，RTC1602 第一行居中显示“Welcome”，第二行居中显示“coder lock”；如果密码错误，RTC1602 清屏，蜂鸣器响 1s 提示操作无效。

3.4.2 项目分析

通过项目描述，实现本项目需完成以下工作。

1. 硬件电路的设计

（1）键盘输入部分

将 4 × 4 矩阵键盘与单片机连接，单片机能区分各个按键。

（2）液晶显示器部分

将单片机与液晶显示器 RTC1602 连接，通过数据总线、控制总线来控制其显示。

（3）蜂鸣器部分

分配 1 个 I/O 口控制蜂鸣器。

2. 程序的设计

（1）按键扫描函数：通过逐行扫描法获得按键行列位置，翻译键值；该函数还要处理同一个按键的连按问题。

（2）主程序：通过调用按键扫描函数，获得按键操作的信息，对按键进行相关处理，完成密码锁的功能。

3.4.3 任务 3-4-1　了解逐行扫描法

一、逐行扫描法原理

（1）将全部行线置低电平，检测列线状态，只要有一列电平为低，则说明有按键按下；如果列线全为高电平，则没有按键按下。

（2）在确认有按键按下后，就确定按键具体位置：依次将行线从第一行开始置为低电平（某根行线为低电平，其他行线为高电平），当某根行线置为低电平后，逐行检测各列线的电平，如果某列为低电平，则按下键处于置低电平的行与检测为低电平的列的交叉处。

二、逐行扫描法的C51函数

```
/********有关文件包含、定义略去,参见任务3-3-2程序清单***********************/
void scanKey()                          //键盘函数
{
    uchar keypress = 0xff;              //临时键值
    uchar col = 0xff;                   //键盘列信息
    uchar row = 0xfe;                   //键盘行信息
    uchar i;
    keynum = 0xff;                      //键值无效

    key = 0xf0;                         //准备判断
    _nop_();

    if((key&0xf0)! = 0xf0)              //是否有键按下
    {
        for(i = 0;i < 4;i ++ )          //扫描4行
        {
            key = row;                  //扫描1行，让此行输出为0
            _nop_();
            col = key|0x0f;             //读列信息，屏蔽行信息

            if(col! = 0xff)             //扫描，若有键按下
            {
                keypress = col&row;     //合成临时键值
                break;
            }
            else row = row << 1|0x01;   //准备扫描下一行
        }
    }

    if(keypress! = 0xff)                //若临时键值有效
    {
        switch(keystate)
        {
            case 0: keystate = 1;break; //有键转入去抖状态
            case 1:
            {
                keystate = 2;           //真的有键按下，转无效状态
                switch(keypress)        //译键值
                {
                    case 0xee:keynum = 0;break;      //0;数字键
                    case 0xde:keynum = 1;break;      //1
                    case 0xbe:keynum = 2;break;      //2
```

```
                    case 0x7e:keynum=3;break;          //3

                    case 0xed:keynum=4;break;          //4
                    case 0xdd:keynum=5;break;          //5
                    case 0xbd:keynum=6;break;          //6
                    case 0x7d:keynum=7;break;          //7

                    case 0xeb:keynum=8;break;          //8
                    case 0xdb:keynum=9;break;          //9

                    case 0xb7:keynum=14;break;         //E  退格
                    case 0x77:keynum=15;break;         //F  确定

                    default:                //若为干扰
                    {
                        keynum=0xff;        //键值无效
                        keystate=0;         //状态清0
                    }
                }
            }break;
        }
    }
    else keystate=0;                        //无键按下，状态清0
}
```

3.4.4　任务3-4-2　密码锁（逐行扫描法）的实现

1．硬件电路的设计

本项目主要使用YL－236装置中的四个模块：MCU01主机模块、MCU02电源模块、MCU04显示模块、MCU06指令模块。模块接线图如图3-11所示。

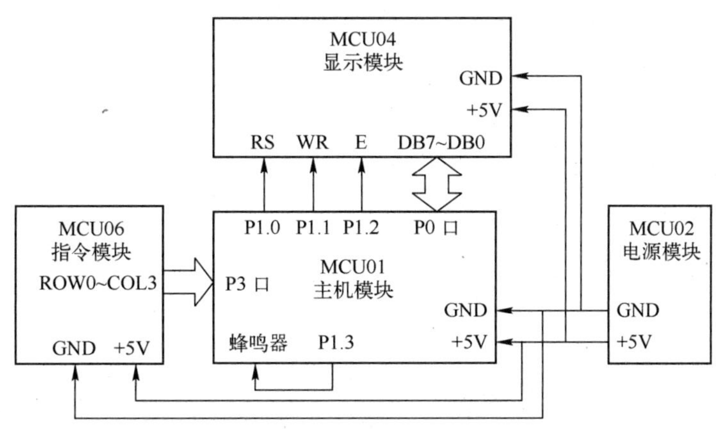

图3-11　密码锁的模块接线图

2. 程序的设计

本项目中的键盘扫描函数用逐行扫描法来实现，采用状态机消抖。

任务 3-4-2 “密码锁”的程序清单：

```
#include <at89x52. h>                          //包含 89x52 头文件
#include <intrins. h>                          //包含 intrins 头文件
#define uint unsigned int                      //无符号整型定义
#define uchar unsigned char                    //无符号字符型定义
#define out0 P0                                //定义 out0 为 P0 口
#define key P3                                 //定义 key 为 P3 口

sbit RS_1602 = P1^0;                           //RTC1602 数据（1）/指令（0）选择端
sbit WR_1602 = P1^1;                           //RTC1602 读（1）/写（0）信号选择端
sbit E_1602 = P1^2;                            //TRC1602 使能端
sbit bf = P1^3;                                //定义蜂鸣器为 P1^3 口

uchar keynum;                                  //键值
uchar keystate;                                //键盘状态机
uchar digit;                                   //输入密码的当前位数 0 ~ 5 位
uchar code PassWord[ ] = {9,8,7,6,5,4};       //6 位密码数组（系统）
uchar TempWord[6];                             //输入的临时 6 位密码
void delayms(uint x)                           //函数省略，请参考任务 2-1-2
void busy()                                    //函数省略，请参考任务 2-3-1
void writeData(uchar x)                        //函数省略，请参考任务 2-3-1
void writeOrder(uchar x)                       //函数省略，请参考任务 2-3-1
void init1602()                                //函数省略，请参考任务 2-3-1
void writeByte(uchar x,y,dod)                  //函数省略，请参考任务 2-3-1
void writeString(uchar x,y,uchar code *p)      //函数省略，请参考任务 2-3-1
void scanKey()                                 //键盘函数省略，请参考任务 3-4-1

void didi(uchar x)
{
    bf = 1;
    delayms(100 * x);
    bf = 0;
}

void main()
{
    uchar i;
    init1602();                                //初始化小液晶
    /* ---密码显示------------- */
```

```
writeOrder(0x0f);                        //开光标
writeString(0,0,"Password:");
writeByte(0,0x27,'');                    //在屏幕外第2行显示空格，
                                         //光标就出现在第2行第1格

/* -----输入密码-------------- */
while(1)
{
    delayms(10);
    scanKey();                           //扫键盘

    if(keynum<10)                        //0~9有效
    {
        if(digit<6)                      //0~5位密码
        {
            TempWord[digit]=keynum;      //将键值存入临时密码中
            writeByte(1,digit,'*');      //在当前位置显示*
            digit++;                     //准备接收下一位密码
            if(digit==6)                 //如果6位密码输入完成
            writeOrder(0x0c);            //光标不再闪烁，提示输入完成

        }
        else didi(3);                    //提示输入完成，蜂鸣器叫0.3s提示
    }

    if(keynum==15)                       //确定键"F"
    {
        for(i=0;i<6;i++)                 //核对6位密码
        {
            if(TempWord[i]!=PassWord[i]) //如果密码有一位不对
            break;
        }
                                         //如果6位密码全对，i=6（循环正常结束）
                                         //如果6位密码不对，i!=6（循环被退出）

        if(i<6)                          //密码错误
        {
            for(i=0;i<6;i++)
            TempWord[i]=0;               //将临时密码清除
            digit=0;                     //密码位数清0，从0位开始
            didi(10);                    //蜂鸣器叫1s，提示密码错误

            writeOrder(0x01);            //清屏
```

```
            writeOrder(0x0f);                //开光标
            writeString(0,0,"Password:");
            writeByte(0,0x27,'');            //在屏幕外第1行显示空格,
                                             //光标就出现在第1行第1格
        }
        else break;                          //密码正确退出
    }

    if(keynum==14)                           //退格键"E"
    {
        if(digit==6)                         //如果6位密码输入完成
        writeOrder(0x0f);                    //开光标,可以输入

        if(digit!=0)                         //已输入一个密码
        {
            digit--;                         //恢复前一输入状态
            TempWord[digit]=0;               //密码无效
            writeByte(1,digit,'');           //在当前位置显示，清掉刚输入的密码显示

            if(digit==0)                     //已退到顶了
            writeByte(0,0x27,'');            //在屏幕第1行显示光标
            else
            writeByte(1,digit-1,'*');        //它前一位置显示*，光标移动到当前输入位
        }
        else didi(3);                        //未输入密码，退格无效，蜂鸣器提示
    }
}

/*------密码正确显示-----------*/
writeOrder(0x01);
writeString(0,4,"Welcome!");
writeString(1,3,"coder lock");
while(1);
}
```

本单元技能重点考核内容小结：

掌握按键处理消抖的两种方法；掌握独立按键、矩阵按键的程序设计；掌握按键改变显示界面。学会独立完成简单任务的C51编程与调试。

习题与实训

1. 将项目3.1中“按下任一键，计数值加1”，改为“按下1～8中某数字键，计数值就加该数字”。试编程实现。

2. 将项目3.2中“抢答开始前8个数码管显示‘－’，当1～7键中某一键抢答成功时，

最右边数码管显示抢答成功的键值（1～7）”，改为“抢答开始前8个LED灯全灭，当1～7键中某一键抢答成功时，对应的LED亮”。试编程实现。

3. 将项目3.3中除法运算结果，“小数点后两位”改为“小数点后一位”，且四舍五入。试编程实现。

4. 修改项目3.4，将系统密码改为“123123”。试编程实现。

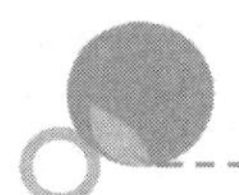

第四单元

单片机系统的模拟量处理

综合教学目标

掌握单片机系统中 A/D 转换、D/A 转换的程序设计；掌握单片机 C51 语言数学计算的程序设计。

主要内容

项目 4.1 数字电压表、项目 4.2 数字电子温度计、项目 4.3 模拟调光灯，分别介绍了 A/D 转换芯片 ADC0809、温度传感器 LM35、D/A 转换芯片 DAC0832。

岗位技能综合职业素质要求：学会用 C51 编程时处理小数、四舍五入。

YL－236 装置将单片机系统中常用 A/D、D/A 模块，集中在其 MCU07 ADC/DAC 模块上，其照片如图 4-1 所示。本单元涉及的 MCU13 温度传感器模块照片如图 4-2 所示。

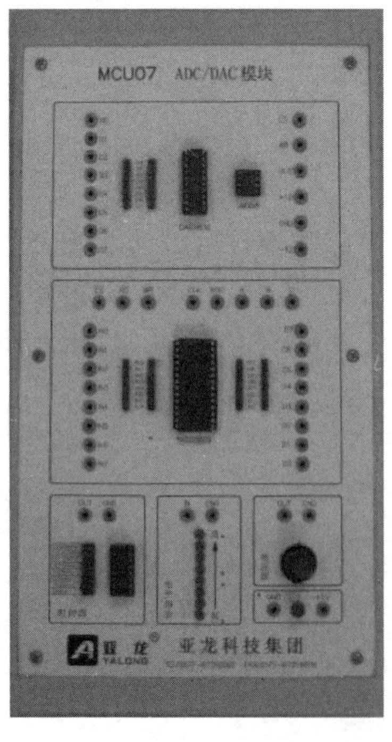

图 4-1　MCU07 ADC/DAC 模块

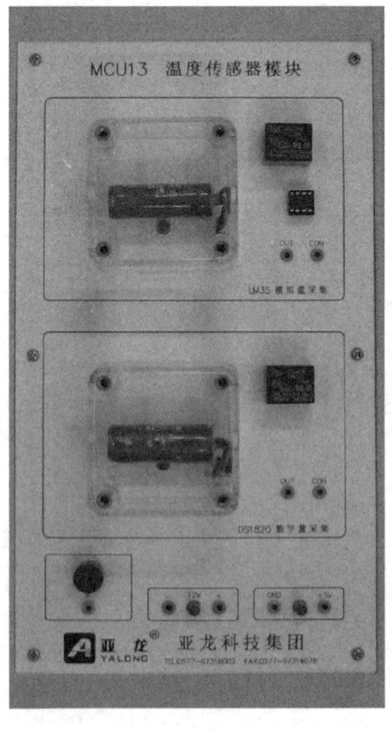

图 4-2　MCU013 温度传感器模块

项目 4.1　数字电压表

4.1.1 项目描述

本项目需要使用 A/D 转换芯片 ADC0809 完成下列任务。

任务 4-1-1：了解 A/D 转化芯片 ADC0809 的工作原理，并利用 ADC0809 将模拟量转换为数字量，用数码管显示转换得到的数字量。

任务 4-1-2：制作一只数字电压表，将 ADC0809 转换得到的数字量通过一定的算法计算出输入的电压值，并用数码管显示出来。

4.1.2 项目分析

通过上面的项目描述，实现本项目需要完成两方面的工作。

① 硬件电路设计：以单片机为控制核心，单片机的 I/O 口与 ADC0809 的控制端和数据端相连构成模数转换接口电路；单片机的 I/O 口与数码管的控制端和数据端相连构成显示接口电路。

② 程序的设计：编写 ADC0809 的接口驱动程序、数码管显示程序。

4.1.3 任务 4-1-1　用数码管显示 ADC0809 的转换结果

一、模数转换的概念

模数转换（ADC）也称为模拟/数字转换，是将连续的模拟量转换成数字量。模数转换器称为 A/D 转换器，ADC0809 就是我们常用的一种 A/D 转换器。

二、ADC0809 的引脚与内部结构

ADC0809 是 CMOS 工艺的 8 位逐次逼近型 A/D 转换器，带 8 个模拟量输入通道地址（见表 4-1），芯片内带通道地址译码锁存器，输出带三态数据锁存器，启动信号为脉冲启动方式。

表 4-1　模拟通道地址表

地址码			选通模拟通道
C	B	A	
0	0	0	IN0
0	0	1	IN1
0	1	0	IN2
0	1	1	IN3
1	0	0	IN4
1	0	1	IN5
1	1	0	IN6
1	1	1	IN7

（1）ADC0809 的引脚及其功能

ADC0809 的引脚排列如图 4-3 所示。

IN0～IN7：8 个模拟通道输入端。

START：启动转换信号。在 START 信号上升沿时，ADC0809 复位，所有内部寄存器清零；在 START 信号下降沿时，A/D 转换启动，在转换期间，START 保持低电平。

EOC：转换结束信号。当 EOC 为高电平时，表明转换结束；

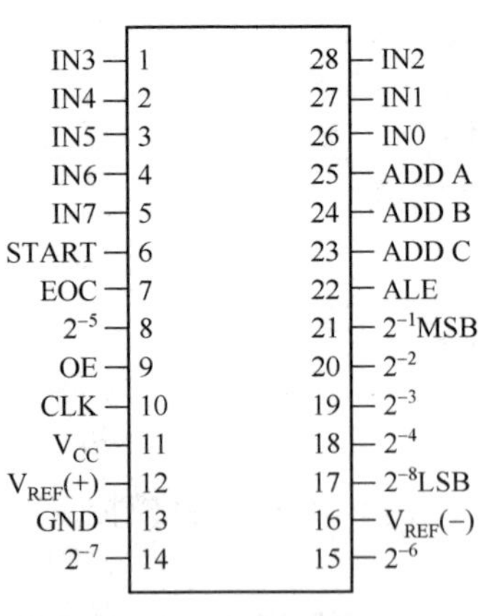

图 4-3　ADC0809 引脚图

否则，表明正在进行 A/D 转换。

OE：输出允许信号。OE =1，输出转换得到的数据；OE =0，输出数据线呈高阻状态。

CLK：时钟信号输入端。因 ADC0809 内部没有时钟电路，所需时钟信号由外界提供，通常使用频率为 500kHz。

ALE：地址锁存允许信号。在 ALE 上升沿时，地址锁存与译码器将 A，B，C 三条地址线的地址信号进行锁存，经译码后被选中的通道的模拟量进转换器进行转换。

ADDA、ADDB、ADDC：地址输入线。用于选通 IN0 ~ IN7 上的一路模拟量输入。通道选择参考图 4-3。

$2^{-1} \sim 2^{-8}$：8 路数字量的输出数据线。2^{-1} 为最高位，2^{-8} 为最低位。

VREF（+），VREF（-）：参考电压输入端。

GND：地。

（2）ADC0809 的内部结构

ADC0809 是 CMOS 单片型逐次逼近式 A/D 转换器，内部结构如图 4-4 所示，它由 8 路模拟开关、地址锁存与译码器、比较器、8 位开关树型 A/D 转换器、逐次逼近寄存器、逻辑控制和定时电路组成。

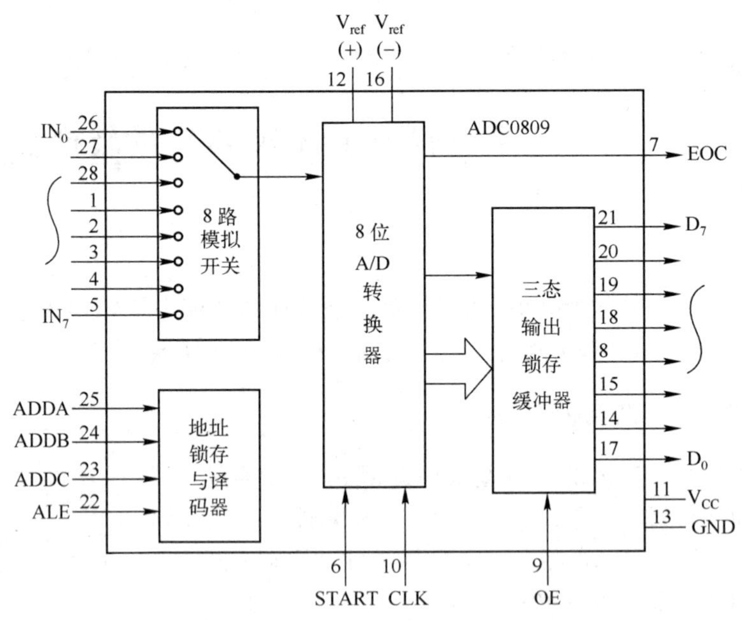

图 4-4　ADC0809 内部结构图

三、ADC0809 的工作原理

首先确定 3 位地址（CBA），ALE 变高后，将地址存入地址锁存器中。此地址经译码选通 8 路模拟输入之一到转换器。在本项目中，我们将 ADDA、ADDB、ADDC 直接与地相连，

因此我们选通 IN0。START 信号上升沿将逐次逼近寄存器复位，下降沿启动 A/D 转换，之后 EOC 输出信号变低，指示转换正在进行。直到 A/D 转换完成，EOC 变为高电平，指示 A/D 转换结束，结果数据已存入锁存器，这个信号可用做中断申请。当 OE 输入高电平时，输出三态门打开，转换结果的数字量输出到数据总线上。

A/D 转换后得到的数据应及时传送给单片机进行处理，数据传送的关键问题是如何确认 A/D 转换的完成，因为只有确认完成后，才能进行传送。为此可采用下述三种方式。

（1）延时传送

在本项目中，ADC0809 进行一次 A/D 转换的时间约为 128μs，当 A/D 转换启动后调用延时函数，延迟时间一到，就进行数据传送。

（2）查询方式

ADC0809 的 EOC 是转换结束信号，因此可以用查询方式，检测 EOC 的状态，来确认转换是否完成，如果完成就进行数据传送。

（3）中断方式

把 EOC 作为中断请求信号，用中断的方式进行数据传送。

四、任务 4-1-1 的实现

1. 硬件电路设计

本任务主要使用 YL－236 装置中的四个模块：MCU01 主机模块、MCU02 电源模块、MCU04 显示模块、MCU07 ADC/DAC 模块。模块接线图如图 4-5 所示。

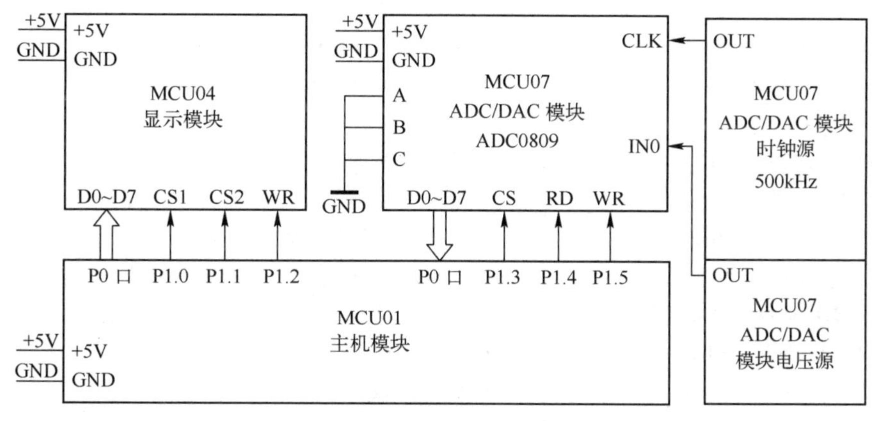

图 4-5　任务 4-1-1 模块接线图

2. ADC0809 的基本 C51 函数及任务 4-1-1 程序清单

根据前面的介绍，编写 ADC0809 的相关程序，函数为“void readAdc0809( )”。

请参考附录中“YL－236 ADC/DAC 模块”原理图，在 WR 端产生 1 个下降沿，将使 ADC0809 的 ALE、START 变高，从而锁定地址（CBA）、复位逐次逼近寄存器；然后使 WR 端变高，将在 ADC0809 的 START 产生下降沿启动 A/D 转换；在 RD 端产生低电平，将使 ADC0809 的 OE 变高，AD 转换结果的数字量输出到数据总线上。任务 4-1-1 的程序流程图如图 4-6 所示。

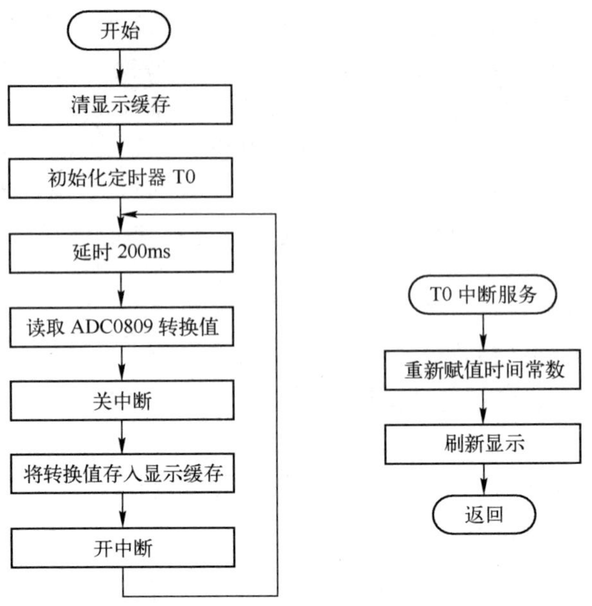

图 4-6　任务 4-1-1 的程序流程图

任务 4-1-1 的程序清单：

```
#include <at89x52.h>                  //包含 A89x52 头文件
#include <intrins.h>                  //包含 intrins 头文件
#define uint unsigned int             //无符号整型定义
#define uchar unsigned char           //无符号字符型定义
#define out0 P0                       //定义 out0 为 P0 口

sbit LED_CS1 = P1^0;                  //数码管断选信号有效端
sbit LED_CS2 = P1^1;                  //数码管位选信号有效端
sbit LED_WR = P1^2;                   //数码管写信号有效端
sbit CS_0809 = P1^3;                  //ADC0809 片选
sbit RD_0809 = P1^4;                  //ADC0809 读信号端
sbit WR_0809 = P1^5;                  //ADC0809 写信号端
uchar count;                          //显示计数
uchar wei;
uchar mydata;                         //AD 值

uchar a[8];                           //数码管八位显示缓冲区
uchar code TAB[] = {                  //共阳极数码管字模
    0xc0,0xf9,0xa4,0xb0,0x99,0x92,0x82,0xf8,0x80,0x90,//0123456789
    0x88,0x83,0xc6,0xa1,0x86,0x8e, //abcdef
    0xff,0xbf                         // -
};
```

```
void delayus(uchar x)                //晶振为 12MHz 时，延时（2x+5）微秒函数
{                                    //晶振为 11.0592MHz 时，延时（2x+5）×12/11 微秒函数
    while(--x);
}

void delayms(uint x)                 //函数省略，请参考任务 2-1-2
void writeDuan(uchar x)              //写段码函数省略，请参考任务 2-2-1
void writeWei(uchar x)               //写位码函数省略，请参考任务 2-2-1

void readAdc0809()
{
    EA=0;                            //关中断
    CS_0809=0;                       //ADC0809 片选有效
    WR_0809=0;                       //启动 ADC0809 开始转换
    WR_0809=1;
    CS_0809=1;                       //启动完成，ADC0809 片选无效
    delayus(100);                    //延时，等待转换结束
    out0=0xff;                       //准备读
    _nop_();
    CS_0809=0;                       //ADC0809 片选有效
    RD_0809=0;                       //ADC0809 读信号有效
    _nop_();
    mydata=out0;                     //读出 AD 值
    RD_0809=1;                       //ADC0809 读信号无效
    CS_0809=1;                       //ADC0809 片选无效
    EA=1;                            //开中断
}

void time0(void) interrupt 1         //用定时器中断,实现数码管显示
{
    TL0=(uint)(-2000)%256;           //重新载入约 2ms 定时时间常数
    TH0=(uint)(-2000)/256;           //去掉（uint），将导致计算结果错误
    writeWei(0xff);                  //熄灭所有位
    writeDuan(TAB[a[count]]);        //根据显示缓冲区的内容，查出对应的字模
    writeWei(wei);                   //写位选
    wei=wei<<1|0x01;                 //选择下一个数码管
    if(++count==8)                   //若 8 位数码管显示完成
    {
        count=0;
        wei=0xfe;                    //位码赋初值
    }
}
```

```
void main( )                          //主函数
{
    uchar i;
    for(i =0;i <8;i ++)               //给显示缓冲区赋值为熄灭
    a[i] =17;
    count =0;
    wei =0xfe;                        //位码赋初值
    TMOD =0x01;                       //T0 为模式 1，16 为定时计数器
    TL0 =(uint)( -2000)%256;          //设定定时时间约为 2ms
    TH0 =(uint)( -2000)/256;
    ET0 =1;                           //T0 中断允许有效
    EA =1;                            //中断控制总开关开启
    TR0 =1;                           //开定时器 T0
    while(1)
    {
        delayms(183);                 //每 200ms 读一次 ADC0809
        readAdc0809( );               //读 ADC0809
        EA =0;
        a[2] =mydata/100;             //AD 值百位
        a[1] =mydata/10%10;           //AD 值十位
        a[0] =mydata%10;              //AD 值个位
        EA =1;
    }
}
```

4.1.4 任务4-1-2　用ADC0809制作数字电压表

一、任务要求

在任务4-1-1中，我们已经将ADC0809进行A/D转换的值读取出来。本任务是通过一定的算法将得到的值转换成实际的电压值，并通过数码管进行显示，实现数字电压表的功能。

二、计算公式

由于ADC0809的转换基本为线性，当输入0V模拟电压时，其转换的数字量为0；当输入5V模拟电压时，其转换的数字量为255（参考电压为5V）；若输入模拟电压Vx在0~5V间时，其转换数字量mydata满足算式：Vx/5V = mydata/255。

根据以上条件可以计算出被测电压值Vx = mydata ×5V/255 = mydata/51。

三、误差的处理

任务4-1-2要求显示精确到被测电压的小数点后一位，在用C51编程时，一般采用整

数计算，这样小数部分会被省略掉，因此，要做适当处理。

首先将AD值放大100倍，计算出电压值也是放大100倍的，再加上5（小数点后的第二个有效位进行四舍五入），最后缩小10倍。这样得到的值的十位是电压值的整数部分，个位是电压值的小数部分。

四、任务4-1-2的实施

1. 硬件电路设计

硬件电路的设计与任务4-1-1的相同。

2. 程序的设计

任务4-1-2程序流程图如图4-7所示。

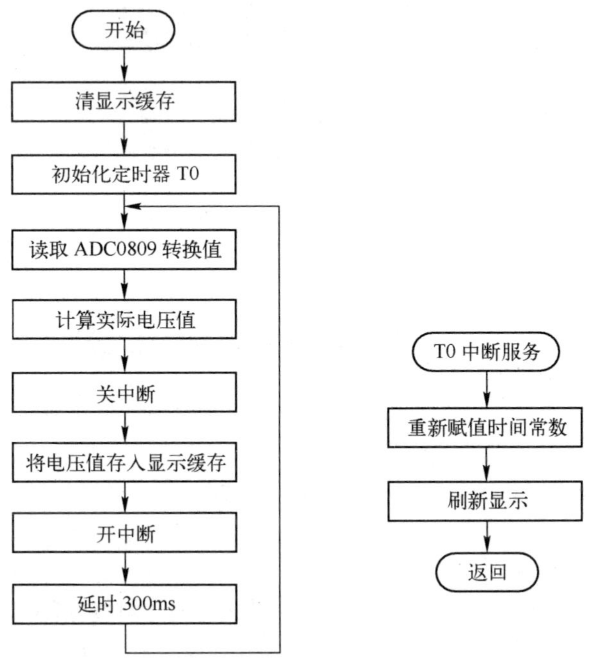

图4-7 任务4-1-2的程序流程图

任务4-1-2的程序清单：

```
/ *************** 有关文件包含、定义、函数略去,参见任务4-1-1 ****************** /

uint voltage;                               //电压

void readVoltage()//读电压值
{
    readAdc0809();                          //读ADC0809
    voltage = (uint)mydata * 100/51;        //将AD值放大100倍，计算小数
    voltage + =5;                           //(uint)强制类型转换，避免mydata×100计算溢出
    voltage/ =10;                           //四舍五入
```

```
}

void time0(void) interrupt 1                //显示电压值
{
    TL0 = (uint)( -2000)%256;               //重新载入约 2ms 定时时间常数
    TH0 = (uint)( -2000)/256;               //去掉（uint），将导致计算结果错误

    writeWei(0xff);                         //熄灭所有位

    if(count ==1)
    writeDuan(TAB[a[count]]&0x7f);          //合成小数点
    else
    writeDuan(TAB[a[count]]);               //根据显示缓冲区的内容，查出对应的字模

    writeWei(wei);                          //写位选
    wei = wei <<1|0x01;                     //选择下一个数码管

    if( ++count ==8)                        //若 8 位数码管显示完成
    {
        count =0;
        wei =0xfe;                          //位码赋初值
    }
}

void main()                                 //主函数
{
    uchar i;
    for(i =0;i <8;i ++)                     //给显示缓冲区赋值为熄灭
    a[i] =17;

    TMOD =0x01;                             //T0 为模式 1，16 为定时计数器
    TL0 = (uint)( -2000)%256;               //设定定时时间约为 2ms
    TH0 = (uint)( -2000)/256;
    ET0 =1;                                 //T0 中断允许有效
    EA =1;                                  //中断控制总开关开启
    TR0 =1;                                 //开始定时

    while(1)
    {
        readVoltage();                      //读 ADC0809 将 AD 值转换为电压值
        EA =0;
        a[1] = voltage/10;                  //电压的整数部分
        a[0] = voltage%10;                  //电压的小数部分
```

```
        EA = 1;
        delayms(275);                 //300ms 读一次电压值
    }
}
```

项目 4.2　数字电子温度计

4.2.1　项目描述

本项目需要使用温度传感器 LM35 完成下列任务。

任务 4-2-1：了解温度传感器 LM35 的工作原理及信号处理电路，利用温度传感器 LM35 采集室温，通过 ADC0809 将模拟量转换为数字量。

任务 4-2-2：制作一只数字电子温度计，用数码管显示出来。

4.2.2　项目分析

通过上面的项目描述，实现本项目需要完成两方面的工作。

① 硬件电路设计：温度传感器 LM35 模块的输出接到 AD/DA 模块；单片机的 I/O 口与 ADC0809 的控制端和数据端相连构成模数转换接口电路；单片机的 I/O 口与数码管的控制端和数据端相连构成显示接口电路。

② 程序的设计：编写 ADC0809 的接口驱动程序、温度转换程序、数码管显示程序。

4.2.3　任务 4-2-1　了解温度传感器 LM35 的工作原理

一、温度传感器 LM35 简介

LM35 系列是精密集成电路温度传感器，其输出的电压线性地与摄氏温度成正比。LM35 系列传感器生产制作时已经过校准，输出电压与摄氏温度一一对应，使用极为方便。灵敏度为 10mV/℃，精度在 0.4 ~ 0.8℃（-55 ~ +150℃温度范围内），低输出阻抗，线性输出和内部精密校准使其与读出或控制电路接口简单和方便，可单电源或正负双电源工作。

二、温度传感器 LM35 的引脚及工作原理

LM35 有多种不同封装形式，外观如图 4-8 所示。

常用的温度传感器 LM35 为 TO-92 封装，实物与电路符号如图 4-9 所示。

在常温下，LM35 不需要额外的校准处理即可达到 ±1/4℃的准确率。其电源供应模式

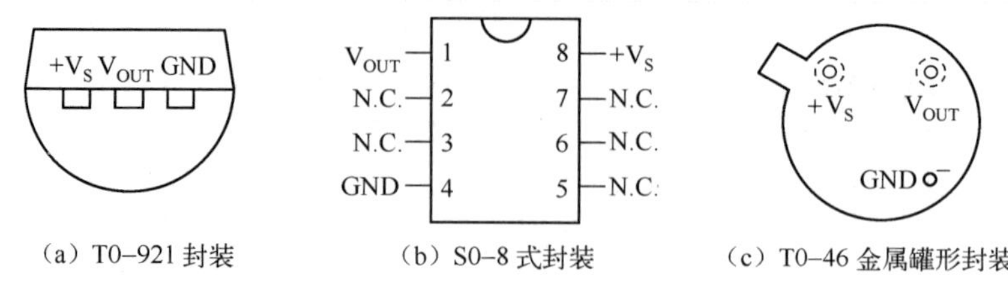

图 4–8　LM35 封装引脚图

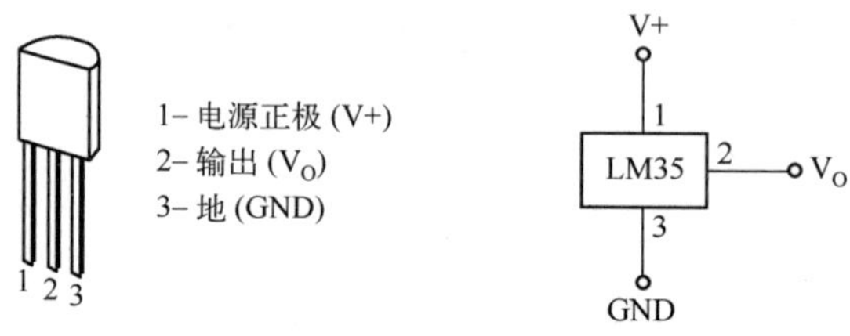

图 4–9　TO – 92 封装 LM35 实物图及电路符号图

有单电源与正负双电源两种，电路图如图 4–10 所示，正负双电源的供电模式可提供负温度的测量。

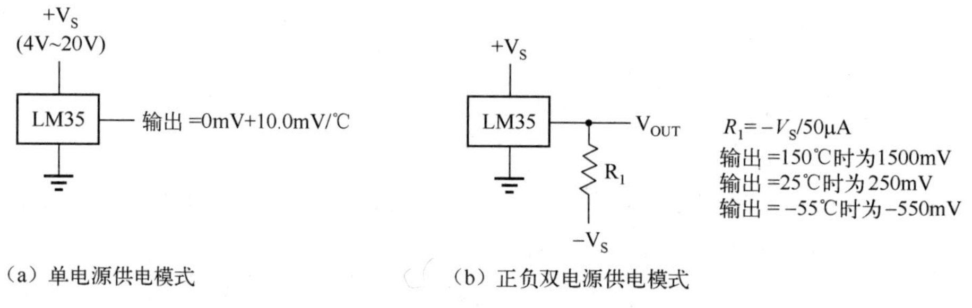

图 4–10　两种电源模式电路图

三、输出特性

根据 LM35 的工作原理，其输出电压与被测温度关系如下：

$$U_0 = 10\text{mV}/℃ \times T℃ = 0.01 \times T(\text{V})$$

T 表示当前测试温度，U_0 表示 LM35 输出电压值。

四、信号处理电路

选用 LM35 单电源模式对温度进行测量，同时为了提高测量精度，对 LM35 的输出电压进行 5 倍放大，电路图如图 4–11 所示。

4.2.4　任务 4–2–2　数字温度计的实现

一、任务要求

利用 ADC0809 将 LM35 输出的电压值转换为数字量，并用一定的计算公式计算出当前

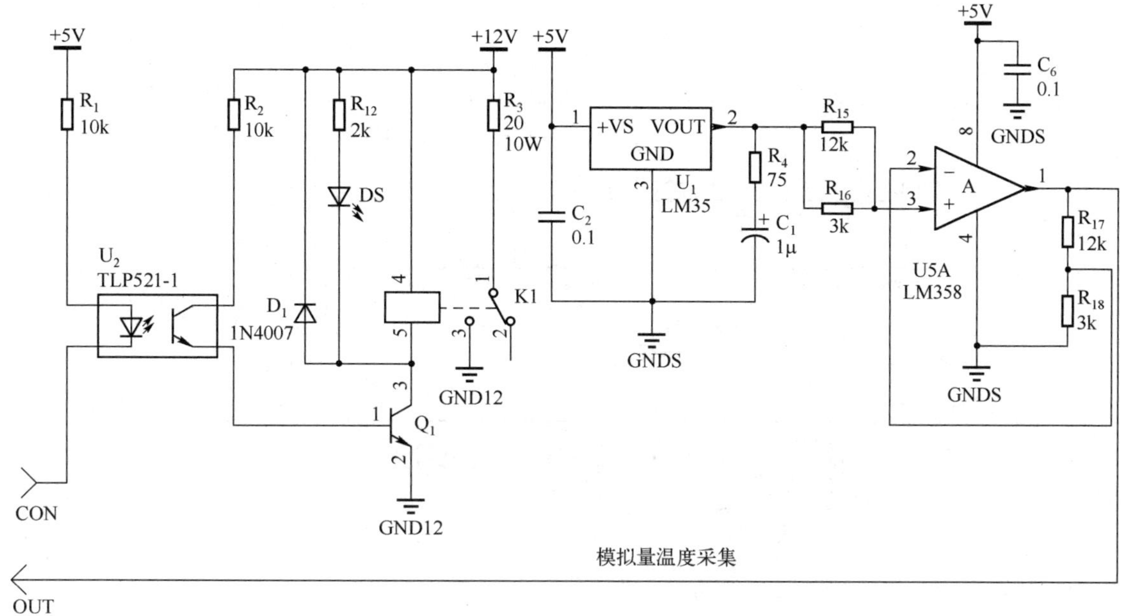

图 4-11　LM35 信号处理（测温）电路原理图

测量的实际温度值，用数码管显示出来。

二、数字温度计的数学计算原理

假设当前温度为 T℃，LM35 输出电压为 U_0，U_0 经过运算放大电路放大 5 倍后变为 5 U_0，该信号输入到 ADC0809 的 IN0，经过 A/D 转换后输出数字量为 x。

由于数字量 x 与 ADC0809 的输入电压值 U 关系为：$U/5V = x/255$，即 $U = x/51$。

而 $U = 5U_0$，$U_0 = 0.01 \times T$，则：$0.05T = x/51$。因此温度 T 与数字量 x 的关系为：

$$T = 20x/51。$$

根据上式就可以计算出被测的温度。

三、任务 4-2-2 的实施

1. 硬件电路设计

根据项目要求，本项目主要使用 YL－236 装置中的五个模块：MCU01 主机模块、MCU02 电源模块、MCU04 显示模块、MCU07 ADC/DAC 模块、MCU13 温度传感器模块。模块接线图如图 4-12 所示。

2. 程序的设计

任务 4-2-2 的程序只需在任务 4-2-1 的基础上加一个计算温度值的子函数即可，然后用数码管显示温度值。任务 4-2-2 程序流程图如图 4-13 所示。

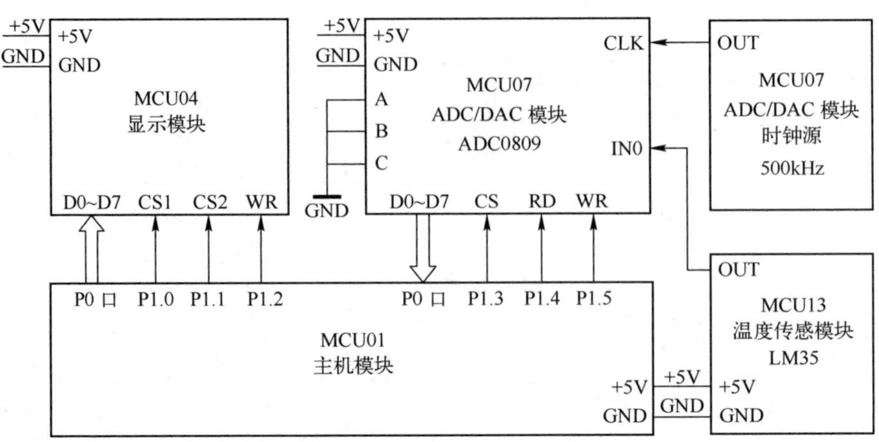

图 4-12　任务 4-2-2 模块接线图

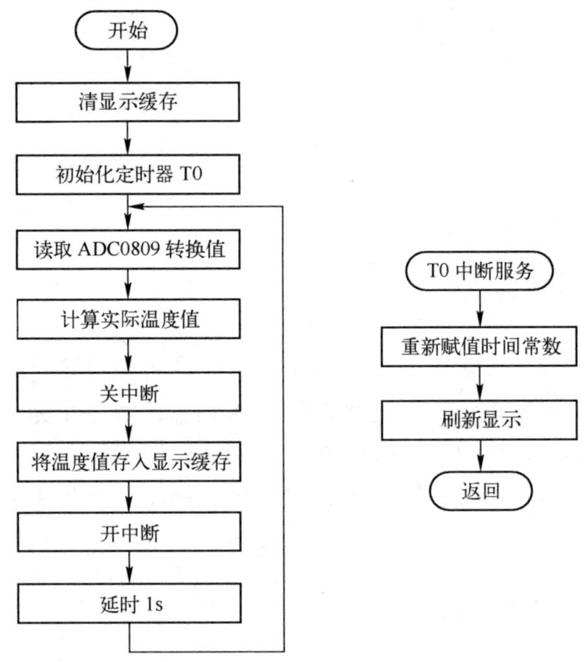

图 4-13　任务 4-2-2 的程序流程图

任务 4-2-2 的程序清单：

```
/****************有关文件包含、定义、函数略去,参见任务 4-1-2******************/

uint wendu;                             //温度

void readWendu()                        //读温度
{
    readAdc0809();                      //读 ADC0809
    wendu = (uint)mydata * 200/51;      //计算中放大 10 倍，计算温度也放大 10 倍
}
```

```
void time0(void) interrupt 1              //显示温度值，程序省略，请参考任务 4-1-2

void main()                               //主函数
{
    uchar i;
    for(i=0;i<8;i++)                      //给显示缓冲区赋值为熄灭
    a[i]=17;

    TMOD=0x01;                            //T0 为模式 1，16 为定时计数器
    TL0=(uint)(-2000)%256;                //设定定时时间为 2ms
    TH0=(uint)(-2000)/256;                //去掉（uint），将导致计算结果错误
    ET0=1;                                //T0 中断允许有效
    EA=1;                                 //中断控制总开关开启
    TR0=1;                                //开启定时器

    while(1)
    {
        readWendu();                      //读 ADC0809 将 AD 值转换为电压值
        EA=0;
        a[2]=wendu/100;                   //温度十位
        a[1]=wendu/10%10;                 //温度个位
        a[0]=wendu%10;                    //温度小数位
        EA=1;
        delayms(922);                     //每 1s 测一次温度
    }
}
```

项目 4.3　模拟调光灯

4.3.1　项目描述

本项目需要使用 D/A 转换芯片 DAC0832 完成下列任务。

任务 4-3-1：了解 D/A 转换芯片 DAC0832 的工作原理，利用 DAC0809 将数字量 127 转换为模拟量，并用数码管显示输出的电压值。

任务 4-3-2：制作一个模拟调光灯，使用 8 个独立按键控制调光灯的 8 个挡位。

4.3.2　项目分析

通过上面的项目描述，实现本项目需要完成两方面的工作。

① 硬件电路设计：以单片机为控制核心，单片机的 I/O 口与 DAC0832 的控制端和数据端相连构成数模转换接口电路；单片机的 I/O 口与数码管的控制端和数据端相连构成显示接口电路。

② 程序的设计：编写 DAC0832 的接口驱动程序、计算电压程序、数码管显示程序。

4.3.3 任务 4-3-1 通过 DAC0832 产生 2.5V 电压输出

一、数模转换的概念

数模转换（DAC）也称为数字—模拟转换，是将离散的数字量转换成连续的模拟量。数模转换器称为 D/A 转换器，DAC0832 就是常用的一种 D/A 转换器。

二、DAC0832 的引脚与内部结构

DAC0832 是采用 CMOS 工艺制成的单片直流输出型 8 位 D/A 转换器，内部集成两级输入寄存器，使 DAC0832 具备单缓冲及双缓冲两种输入方式，以便适用于各种电路的需要。

（1）DAC0832 的主要特性参数

- 电流型输出。
- 电流稳定时间 1μs。
- 外部参考电压（-10 ～ +10V）。
- 单一电源供电（+5 ～ +15V）。
- 低功耗，20mW。

（2）DAC0832 的内部结构介绍

DAC0832 的内部结构如图 4-14 所示。

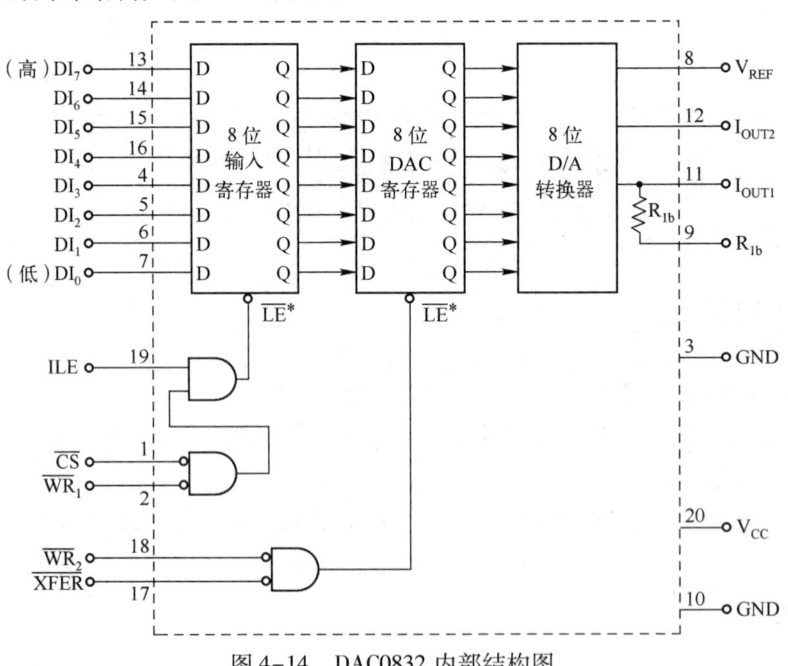

图 4-14 DAC0832 内部结构图

根据图4-14 可知，DAC0832 内部主要是由一个8 位输入寄存器、一个8 位DAC 寄存器和一个8 位D/A 转换器所构成的，每个寄存器都具有独立的锁存使能端。同时，2 个寄存器构成了双缓冲结构，使得DAC0832 具有单缓冲和双缓冲两种工作方式。

- 单缓冲工作方式：一个寄存器工作于直通状态，另一个寄存器工作于锁存器状态。在不要求多路模拟量输出时，可以采用单缓冲工作方式。
- 双缓冲工作方式：两个寄存器都工作于锁存器状态。当要求多路模拟量输出时，可以采用双缓冲工作方式。

(3) DAC0832 的引脚及其功能介绍

DAC0832 一共有20 个引脚，引脚分布如图4-15 所示。

DAC0832 引脚功能介绍如下。

- $DI_0 \sim DI_7$：数字信号输入端。
- I_{LE}：输入寄存器允许，高电平有效。
- $\overline{CS}$：片选信号，低电平有效。
- $\overline{WR_1}$：写信号1，低电平有效。
- $\overline{WR_2}$：写信号2，低电平有效。
- $\overline{XFER}$：数据传送控制信号，低电平有效。
- V_{ref}：参考电压（-10 ~ +10V）。
- I_{OUT2}：电流输出2 端。$I_{OUT1} + I_{OUT2} =$ 常数。
- I_{OUT1}：电流输出1 端。当输入数字全“1”，输出电流最大，约为：$\dfrac{255V_{ref}}{256 \times 15\text{k}\Omega}$。
- R_{FB}：集成在片内的外接运放的反馈电阻，一般为15kΩ。
- AGND：模拟地。
- V_{CC}：电源（+5 ~ +15V）。
- DGND：数字地，可与模拟地并接。

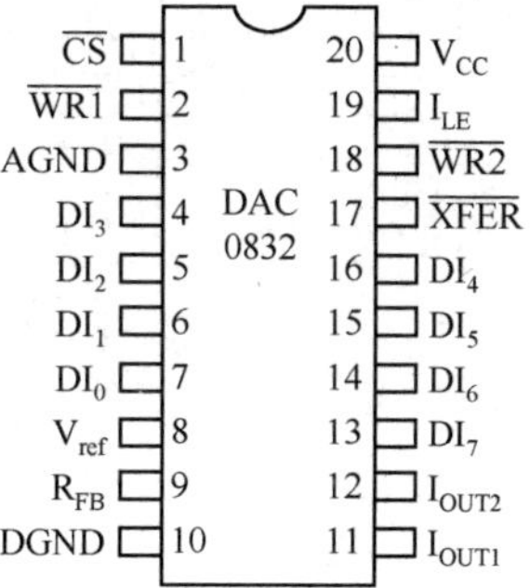

图4-15 DAC0832 引脚图

(4) DAC0832 控制时序

DAC0832 的控制很简单，控制时序如图4-16 所示。

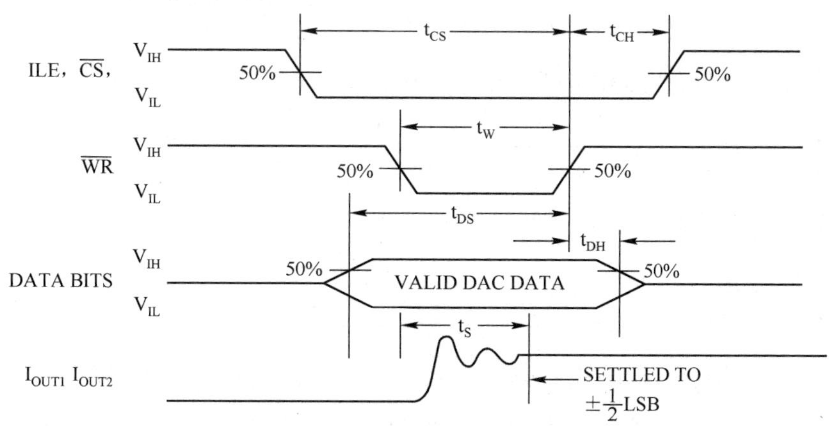

图4-16 DAC0832 控制时序图

（5）DAC0832 工作原理

DAC0832 的输出是电流，在单片机应用系统中，通常需要电压信号。因此要运用运算放大器实现将电流信号转换为电压信号。在 YL－236 装置的 MCU07 ADC/DAC 模块中，使用集成运放 LM358 组成的 I/V 转换电路和电压反相电路。电路图如图 4-17 所示。

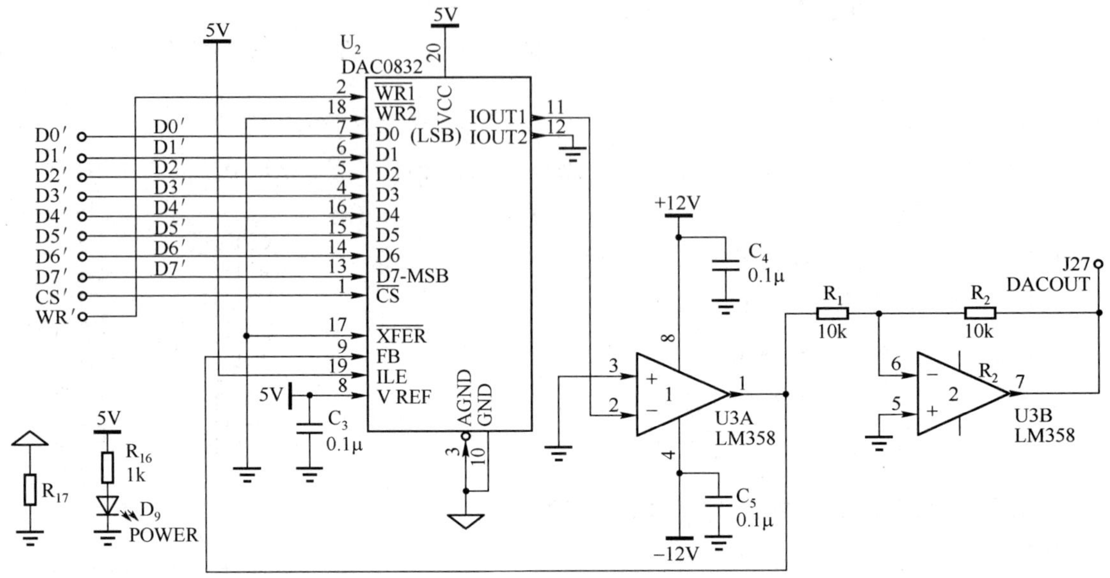

图 4-17　DAC0832 和 LM358 构成的 I/V 转换电路和电压反相电路

DAC0832 有 2 路电流输出。2 路电流的公式为：

$$I_{OUT1}=\frac{V_{ref}}{15k\Omega}\times\frac{Digitalinput}{256}$$

$$I_{OUT2}=\frac{V_{ref}}{15k\Omega}\times\frac{255-Digitalinput}{256}$$

式中的 15kΩ 是内部 R－2R 电阻网络的等效电阻。

由图 4-17 分析可知，前级 LM358 构成的 I/V 转换电路的输出电压为：

$$V_{OUT}=-(I_{OUT1}\times R_{FB})=-\frac{V_{ref}\times DigitalInput}{256}$$

输出电压 V_{OUT} 通过电压反相电路后输出电压为：

$$V_{DAC}=-\frac{R_2}{R_1}V_{OUT}=\frac{R_2}{R_1}\times\frac{V_{ref}\times DigitalInput}{256}$$

三、任务 4-3-1 的实施

1. 硬件电路设计

本项目只需一路模拟量输出，因此，采用 DAC0832 的单缓冲工作方式。在单缓冲模式下，I_{LE} 接 +5V，数据锁存允许一直有效；$\overline{WR_2}$、$\overline{XFER}$ 接地，8 位 DAC 寄存器一直处于直通状态；V_{REF} 接 +5V；P0 口作为数字量输入口与 $DI_0 \sim DI_7$ 相连；P1.3 控制片选信号 $\overline{CS}$；P1.4 控制第一写输入信号控制端 $\overline{WR_1}$。

本项目主要使用 YL－236 装置中的四个模块：MCU01 主机模块、MCU02 电源模块、MCU04 显示模块、MCU07 ADC/DAC 模块，模块接线图如图 4-18 所示。

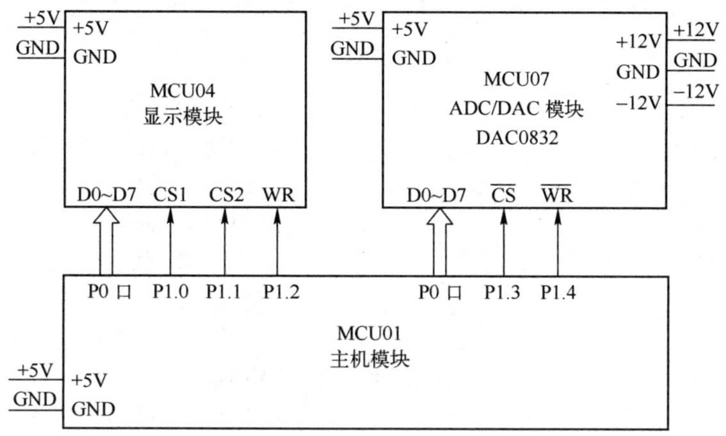

图 4-18　任务 4-3-1 模块接线图

2. DAC0832 的基本 C51 函数及任务 4-3-1 程序清单

根据前面的介绍，编写 ADC0832 的驱动程序，函数如下：

```
void writeDac0832(uchar x)
```

x 为设定的数字量，通过前面介绍的公式可以根据设定的数字量计算出输出的电压值：

$V_{DAC}=5x/256(V)$。

任务 4-3-1 的程序流程图如图 4-19 所示。

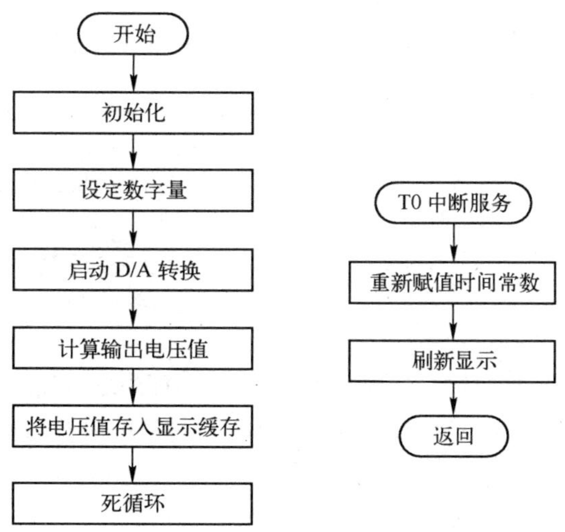

图 4-19　任务 4-3-1 的程序流程图

任务 4-3-1 的程序清单：

```
#include <at89x52.h>                       //包含 A89x52 头文件
```

```
#include <intrins.h>                           //包含 intrins 头文件
#define uint unsigned int                      //无符号整型定义
#define uchar unsigned char                    //无符号字符型定义
#define out0 P0                                //定义 out0 为 P0 口

sbit LED_CS1 = P1^0;                           //数码管断选信号有效端
sbit LED_CS2 = P1^1;                           //数码管位选信号有效端
sbit LED_WR = P1^2;                            //数码管写信号有效端
sbit CS_0832 = P1^3;                           //DAC0832 片选
sbit WR_0832 = P1^4;                           //DAC0832 写信号
uchar count;                                   //显示计数
uchar wei;
uint voltage;                                  //输出电压值
uchar a[8];                                    //数码管八位显示缓冲区
uchar code TAB[] = {                           //共阳极数码管字模
    0xc0,0xf9,0xa4,0xb0,0x99,0x92,0x82,0xf8,0x80,0x90,    //0123456789
    0x88,0x83,0xc6,0xa1,0x86,0x8e,             //abcdef
    0xff,0xbf                                  // -
};

void delayms(uint x)                           //延时函数省略，请参考任务 2-1-2

void writeDuan(uchar x)                        //写段码函数省略，请参考任务 2-2-1
void writeWei(uchar x)                         //写位码函数省略，请参考任务 2-2-1

void writeDac0832(uchar x)
{
    EA = 0;
    _nop_();
    out0 = x;                                  //向 DAC0832 写入数据
    _nop_();
    CS_0832 = 0;                               //DAC0832 片选有效
    WR_0832 = 0;                               //DAC0832 写信号有效
    _nop_();
    WR_0832 = 1;                               //DAC0832 写信号无效
    CS_0832 = 1;                               //DAC0832 片选无效
    EA = 1;
}
void time0(void) interrupt 1
{
    TL0 = (uint)(-2000)%256;                   //约 2ms 定时时间常数重新载入
    TH0 = (uint)(-2000)/256;
    writeWei(0xff);                            //熄灭所有位
```

```
        if(1 == count)
        writeDuan(TAB[a[count]]&0x7f);          //合成小数点
        else
        writeDuan(TAB[a[count]]);               //根据显示缓冲区的内容，查出对应的字模
        writeWei(wei);                          //写位选
        wei = wei <<1|0x01;                     //选择下一个数码管
        if( ++count ==8)                        //若 8 位数码管显示完成
        {
            count =0;
            wei =0xfe;                          //位码赋初值
        }
}

void main()                                     //主函数
{
        uchar i,x;
        for(i =0;i <8;i ++)                     //给显示缓冲区赋值为熄灭
        a[i] =17;

        TMOD =0x01;                             //T0 为模式 1，16 为定时计数器
        TL0 = (uint)( -2000)%256;               //设定定时时间为约 2ms
        TH0 = (uint)( -2000)/256;               //去掉（uint)，将导致计算结果错误
        ET0 =1;                                 //T0 中断允许有效
        EA =1;                                  //中断控制总开关开启
        TR0 =1;                                 //开始定时
        x =0x7f;                                //输入电压值
        writeDac0832(x);

        voltage = (uint)x * 250/128;            //将数据值转换为电压值（理想情况）
                                                //放大 100 倍，计算小数
        voltage  + =5;
        voltage / =10;                          //四舍五入


        EA =0;
        a[1] =voltage/10;                       //电压的整数部分
        a[0] =voltage%10;                       //电压的小数部分
        EA =1;

        while(1);                               //等待中断
}
```

4.3.4 任务 4-3-2　模拟调光灯的实现

一、任务要求

若在单片机输出可变的数字量，则 DA 转换模块输出的电压值也能改变，从而实现模拟调光灯的功能。具体要求如下：模拟调光灯有 8 个挡位，分别由 8 个独立按键控制；1 号键是最低挡，8 号键是最高挡；挡位越高，LED 越亮。

二、任务 4-3-2 的实施

1. 硬件电路设计

根据项目要求，本项目主要使用 YL－236 装置中的 5 个模块：MCU01 主机模块、MCU02 电源模块、MCU04 显示模块、MCU06 指令模块、MCU07 ADC/DAC 模块，模块接线图如图 4-20 所示。

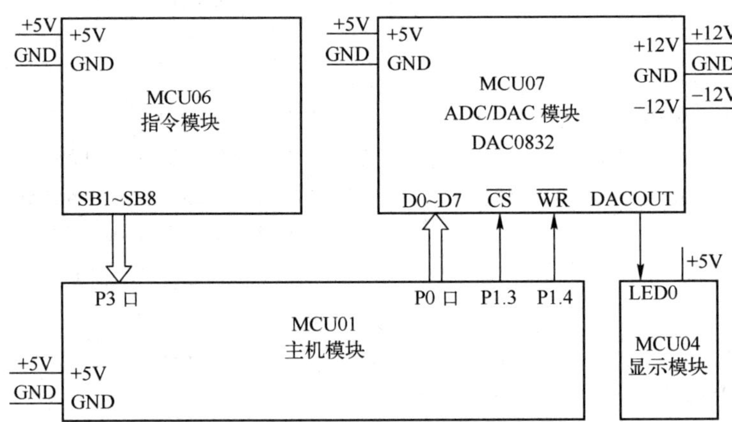

图 4-20　任务 4-3-2 的模块接线图

2. 程序设计

任务 4-3-2 的程序主要包含 D/A 转换程序、键盘扫描程序。其流程图如图 4-21 所示。

任务 4-3-2 的程序清单：

```
#include < at89x52. h >
#include < intrins. h >
#define uint unsigned int
#define uchar unsigned char
#define out0 P0
#define key P3
```

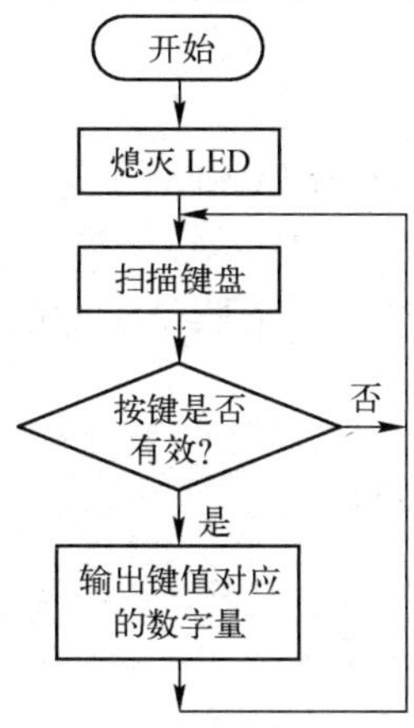

图 4-21　任务 4-3-2 的程序流程图

```
sbit CS_0832 = P1^3;
sbit WR_0832 = P1^4;

uchar keynum,lian;
uchar code num[ ] = {0xff,0xb0,0xa0,0x90,0x80,0x60,0x40,0x00};        //DAC0832 输出
接 LED0
//数字量对应输出电压:5V、3.4V、3.1V、2.8V、2.5V、1.9V、1.25V、0V
//                        灭    最暗   →   渐亮        →     较亮   最亮

void delayms(uint x)                       //省略，请参考任务 2-1-2
void writeDac0832(uchar x)                 //省略，请参考任务 4-3-1
void scankey()                             //键盘函数省略，请参考任务 3-2-2

void main()
{
    writeDac0832(0xff);                    //先让灯熄灭
    while(1)
    {
        delayms(10);
        scankey();                         //键盘的 1~8 号键对应 8 个挡位：1-低挡，8-高挡
        if(keynum!=0xff)
        {
            writeDac0832(num[keynum-1]);       //根据键值，查出对应挡位的 DA 值
        }
    }
}
```

本单元技能重点考核内容小结：

掌握单片机数字世界与外部模拟世界的信号转换处理。

习题与实训

1. 将“项目 4.1 数字电压表”中 ADC0809 的函数修改一下，要求使用 EOC 脚的信号判别 AD 转换是否完成。试编程实现。

2. 若将“项目 4.3 模拟调光灯”中 8 个挡位按键的功能反序，即 1 号键为最亮，2 号键次之，8 号键熄灭。试编程实现。

第五单元

单片机系统的电气控制

综合教学目标

掌握单片机控制直流电机正反转。

岗位技能综合职业素质要求：掌握 H 桥控制电路原理与应用。

YL－236 装置将单片机系统中常用的交直流电机集中在 MCU08 交直流电机控制模块上，本单元同时涉及 MCU05 继电器模块，两者照片如图 5－1 所示，其电路原理图参考附录。

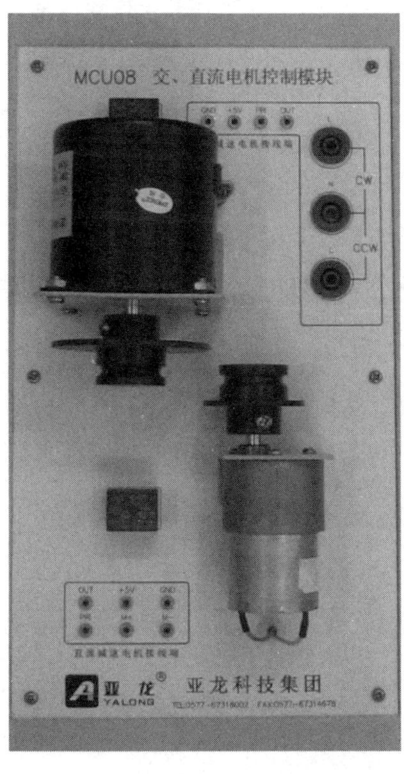

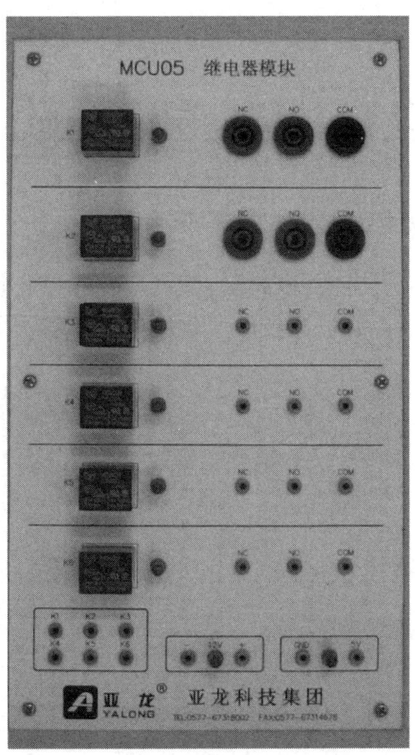

图 5－1　YL－236 装置中的 MCU08 交直流电机控制模块和继电器模块照片

项目　直流电机正反转控制

1　项目描述

1. 任务1：了解相关模块的工作原理

① 交直流电机控制模块介绍；

② H桥的工作原理介绍；

③ 继电器模块介绍。

2. 任务2：在YL－236装置中利用相关模块用C51编程实现电机正反转

2　项目分析

通过项目描述，实现本项目需完成以下2个方面工作。

① 硬件电路的设计：以单片机为控制中心，通过其I/O口与继电器模块、电机模块连接，构成单片机控制电机正反转电路。

② 程序的设计：用C51语言编写单片机控制直流电机正反转程序。

3　任务1　了解相关模块电路

一、交直流电机控制模块介绍

本模块中有两种电机，交流220V伺服电机和直流24V伺服电机。本项目主要介绍直流电机模块，直流电机电路原理图如图5-2所示。

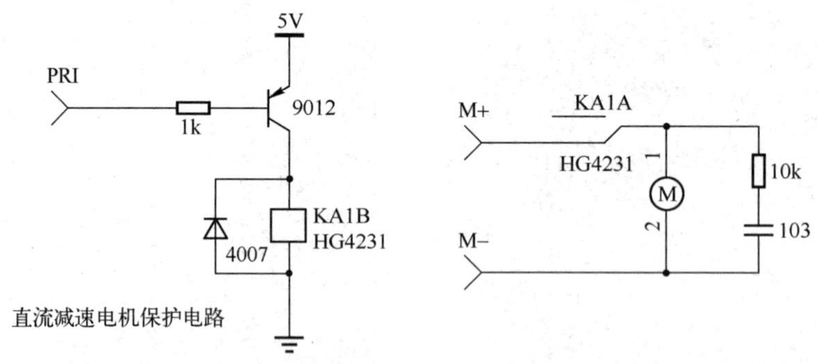

图5-2　直流电机电路原理图

直流电机是一个减速电机，在其M＋、M－两个端口加载驱动电压，就能运转。加载正向电压，电动机正转；加载反向电压，电动机反转。用直流24V电压进行驱动，直流电机运转速度快些；用直流12V电压驱动，速度慢些。

二、H 桥电路的工作原理

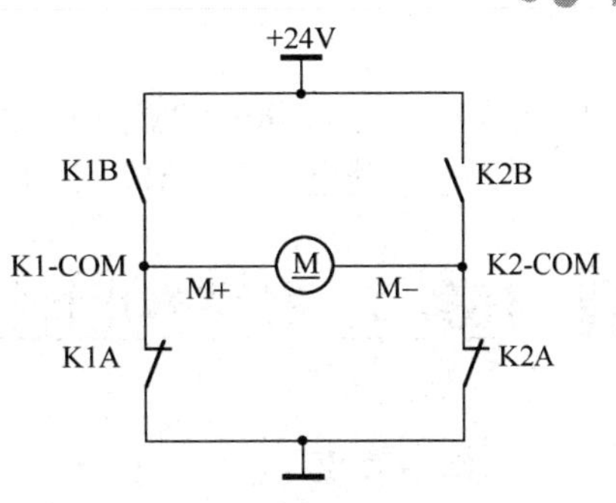

图 5-3　H 桥驱动电机正反转的电路原理图

通过 2 个继电器来控制电动机的正反转，构成 H 桥电路，如图 5-3 所示。

在电路的左边为继电器 K1 的常开触点 K1B、常闭触点 K1A，二者只能有 1 个闭合；在电路的右边为继电器 K2 的常开触点 K2B、常闭触点 K2A，同样只能有 1 个闭合。继电器 K1、K2 的公共端分别与直流电机的 M＋、M－相连。

当 K1B 闭合，而 K2B 断开时，为电动机 M 输入正向电压，电动机正转。当 K1B 断开，而 K2B 闭合时，为电动机 M 输入反向电压，电动机反转。当 K1B 和 K2B 都断开时，电动机不转。

单片机只要控制继电器 K1、K2 的闭合与断开，即可控制直流电机正反转。

三、继电器模块介绍

YL－236 装置中将 6 个继电器集成在 MCU05 继电器模块上，其照片如图 5-1 所示。

图 5-4 为继电器模块的电路原理图。光电耦合器可以使单片机系统的 5V 电源与继电器 12V 工作电源完全隔离，避免干扰。

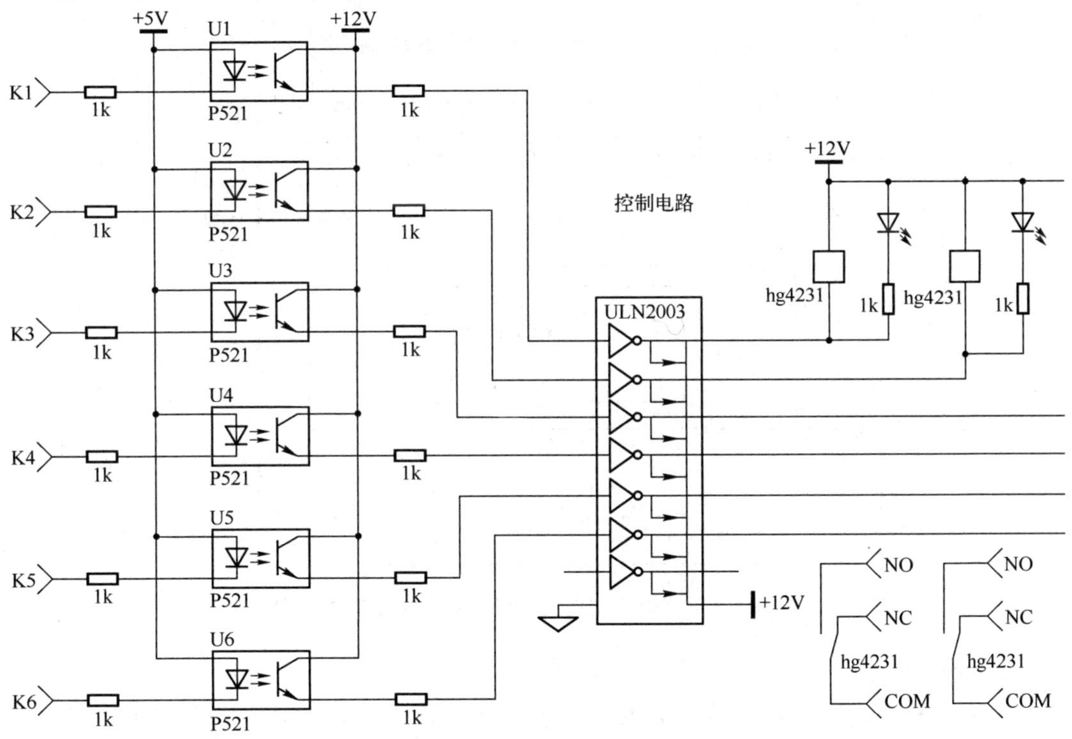

图 5-4　继电器模块电路原理图

当 K1 端子输入低电平时，光电耦合器 U1 的内部光电三极管导通，使 12V 电压输入到 ULN2003 的输入端，在其相应输出端会输出低电平，从而使继电器 K1 线圈得电，其常闭触点断开，常开触点闭合。当 K1 端子输入高电平（或悬空）时，光电耦合器 U1 的内部光电三极管截止，ULN2003 的输入端为低电平，在其相应输出端会输出高电平，继电器 K1 线圈无电流通过，继电器不动作。其他继电器 K2 ~ K6 的工作原理与 K1 基本一致。

4 任务 2 实现单片机控制直流电机正反转

一、任务要求

使用 YL－236 装置中相关模块及元件构建单片机控制直流电机正反转系统。

具体要求：使用 2 个钮子开关 SA1 和 SA7 分别控制电机正转和反转。当 SA1 打到上面时，电动机正转；当 SA7 打到上面时，电动机反转。

二、任务 2 的实施

1. 硬件电路的设计

本任务中主要使用 YL－236 装置中的 5 个模块：MCU01 主机模块、MCU02 电源模块、MCU05 继电器模块、MCU06 指令模块、MCU08 交直流电机控制模块，模块接线图如图 5-5 所示。

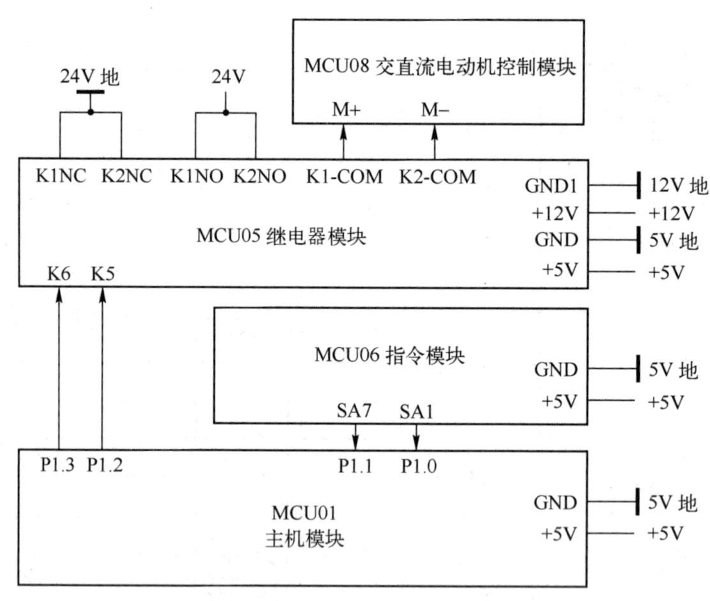

图 5-5 单片机控制直流电机正转反转模块接线图

2. 程序的设计

（1）要使直流电机正转，继电器 K5 吸合，K6 不吸合，用程序实现即“K5 =0；K6 = 1;”；要使直流电机反转，继电器 K6 吸合，K5 不吸合，用程序实现即“K5 =1；K6 =0;”。

（2）任务 2 程序流程图如图 5-6 所示。

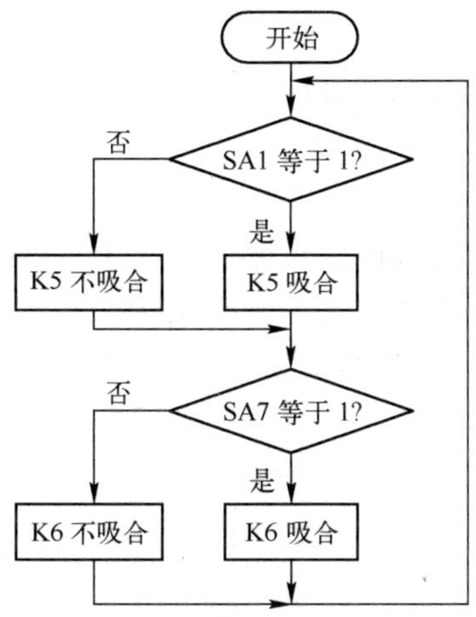

图 5-6　单片机控制直流电机正转反转程序流程图

任务 2 的程序清单

```
#include <at89x52.h>              //包含 89x52 头文件
#include <intrins.h>              //包含 intrins 头文件
#define uint unsigned int         //无符号整型定义
#define uchar unsigned char       //无符号字符型定义

sbit SA1 = P1^0;                  //钮子开关 SA1 打到上面，为 1，设定为正转
sbit SA7 = P1^1;                  //钮子开关 SA7 打到上面，为 1，设定为反转

sbit K5 = P1^2;                   //直流电机正转继电器控制端
sbit K6 = P1^3;                   //直流电机反转继电器控制端

void main()                       //主函数
{
  while(1)
  {
      if(SA1 == 1)                //设定为正转
      K5 = 0;
      else
      K5 = 1;

      if(SA7 == 1)                //设定为反转
      K6 = 0;
      else
      K6 = 1;
  }
}
```

本单元技能重点考核内容小结：

学会使用单片机简单控制有关执行机构。

习题与实训

控制直流电机正反转，同时要求控制直流电机快速、慢速转动。具体要求：当钮子开关 SA1 打到上面，电机正转；SA2 打到上面，电机反转；SA3 打到上面，电机快速转动；SA3 打到下面，电机慢速转动。（提示：用直流 12V 电压驱动，直流电机运转速度慢些。）

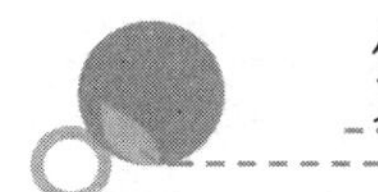

第六单元

综合实训

综合教学目标

掌握较复杂的电路设计与C51编程调试。

岗位技能综合职业素质要求：掌握单片机项目开发的基本流程。

项目 智能往返小车

1 项目描述

根据“智能往返小车”的说明及控制要求，使用YL－236装置中的相关模块及元件，构建一套虚拟“智能往返小车”系统。

一、系统介绍

“智能往返小车”是单片机控制的模拟智能小车，它可以往返于始发地和目的地之间，具有手动和自动2种工作方式。系统由键盘、显示、电机驱动（含方向控制）等部分组成。

1. 按键部分

6个独立按键分别完成以下功能：SB1—“自动/手动”；SB2—“前进”；SB3—“暂停”；SB4—“后退”；SB5—“运行”；SB6—“返回”。

2. 显示部分

① 利用TG12864显示相关信息。

② 使用发光二极管显示LED0～LED5显示小车的位置。

运行时，小车往返于始发地和目的地之间。“LED0”亮，表示小车位于始发地；“LED5”亮，表示小车位于目的地；“LED1”、“LED2”、“LED3”、“LED4”表示小车位于始发地、目的地间等距离的4个点的位置指示灯。由此全程分为5个等距离段。

使用发光二极管“LED7”作为电源指示灯，系统上电后亮。

3. 运动控制部分

小车的前进和倒退，用直流电机的正反转模拟。

二、智能往返小车控制要求

1. 开机界面

系统上电后，LED7 亮，LED0 亮（小车位于始发地），蜂鸣器响 0.5s，同时 TG12864 显示开机界面如图 6-1 所示。

欢迎使用
往返小车

图 6-1　开机界面

在 TG12864 第一行显示“欢迎使用”，第二行显示“往返小车”，信息上下、左右居中显示，开机界面保持 10s。要求显示字体为宋体 18 号字，此字体下对应的汉字点阵为：宽 × 高 = 24 × 24。

除了开机界面外，以下所有界面显示字体均为宋体 12 号字，此字体下对应的汉字点阵为：宽 × 高 = 16 × 16；数字、字符的点阵为：宽 × 高 = 8 × 16。

2. 预置模式

显示开机界面 10s 后，自动进入预置界面，如图 6-2 所示。

此模式下，“自动/手动”、“运行” 2 个键有效，其他 4 个键无效，功能如下：

- 按下“自动/手动”键 1 次，预置界面“XX”将在“自动”、“手动”间切换 1 次。
- 按下“运行”键，进入运行界面。

3. 运行模式

（1）运行界面

在预置模式下，点击“运行”键后，小车开始动作，系统进入运行界面，如图 6-3 所示。

预置菜单
运行模式：XX

图 6-2　预置界面

运行模式：XX
小车位置：S-T
小车状态：ZZ

图 6-3　运行界面

XX 为先前预置的“自动”或“手动”。

S－T：S 为刚经过的位置，T 为即将到达的位置。小车在始发地停留时，S－T 显示为“0”；小车在目的地停留时，S－T 显示为“5”；由 LED3 处开往 LED4 处时，显示为 3－4；由 LED5 处开往 LED4 处时，显示为 5－4。

ZZ 的显示为“前进”、“后退”或“暂停”。当小车从始发地开往目的地时，ZZ 为“前进”；当小车从目的地开往始发地时，ZZ 为“后退”；小车停止显示为“暂停”。所有信息尽量居中显示。

(2) 自动模式下运行和操控

① 自动模式下运行：小车在始发地（LED0 亮）停留 3s 后，出发开往（前进）目的地，经过 4s 到达 LED1 处，LED0 灭，LED1 亮。依次类推，“LED0” ~ “LED5” 逐个依次点亮，每个时刻只有一个 LED 亮，相邻 LED 之间的转换时间为 4s。小车到目的地（LED5 亮）后也停留 3s，开始返回（后退）始发地，过程同上述一样，如此反复。

② 自动模式下操控。

在自动运行模式下，“返回”、“暂停”、“运行” 键有效，其他键无效。

按 “暂停” 键，小车暂停，ZZ 变为 “暂停”，系统记忆小车的运行方向（前进或后退）和小车位置（包括已运行时间）。

暂停状态时，按下 “运行” 键，小车在原小车位置（包括已运行时间）以原方向和速度继续运行，ZZ 恢复为 “前进” 或 “后退”。

按 “返回” 键，小车停止，界面回到预置菜单，可重新设定运行模式（手动/自动），同时系统记忆小车的运行方向（前进或后退）和小车位置（包括已运行时间）。返回后，按下 “运行” 键，小车以新设定的运行模式（可能由 “自动模式” 切换到 “手动模式”）运行。

除以上按键外，其他按键在自动模式下的运行模式中无效。

(3) 手动运行模式下操控

在手动运行模式下，“前进”、“后退” 和 “返回” 3 个键有效，其他键无效。

按下 “前进” 键，小车运行方向为 “始发地” → “目的地”，松开按键即停止，按下该键累计时达 4s，小车运行距离为全程 1/5，相应位置指示 LED 亮；到达终点时，小车停止，若 “前进” 键未弹起，蜂鸣器声响提示操作错误。

按下 “后退” 键，小车运行方向为 “目的地” → “始发地”，松开按键即停止，按下该键累计时达 4s，小车运行距离为全程 1/5，相应位置指示 LED 亮，回到始发地时，小车停止，若 “后退” 键未弹起，蜂鸣器声响提示操作错误。

按下 “返回” 键，小车停止，界面回到预置菜单，可重新设定运行模式（手动/自动），同时系统记忆小车的运行方向（前进或后退）和小车位置（包括已运行时间）。返回后，按下 “运行” 键，小车以新设定的运行模式（可能由 “手动模式” 切换到 “自动模式”）运行。

手动模式下小车到达 “始发地”、“目的地” 不自动停留。

除以上按键外，其他按键在手动模式下的运行界面中无效。

在任何模式下，“LED0” ~ “LED5” 和液晶屏 TG12864 的显示也要实时反应小车运行轨迹。

2 项目分析

1. 需求分析

由项目说明及控制要求可知，本项目主要的功能为：控制、显示、按键、小车运动、报警。首先根据这些功能来选择模块：

① 选用主机模块作为系统的控制核心及报警装置；

② 选用显示模块完成 TG12864 及“LED0 ~ LED5”的显示功能；

③ 选用指令模块实现系统所需的独立按键功能；

④ 根据第五单元讲的电气控制系统，选用直流电机模块和继电器模块来模拟实现对小车运动方向的控制；

⑤ 最后选用电源模块对系统进行供电。

2. I/O 端口的分配

在设计硬件电路前，一定要将单片机的 I/O 口根据各功能模块的需求分配好。

AT89S52 单片机具有 P0 ~ P3 共 32 个 I/O 口，如果 I/O 口不够用，可以使用扩展模块进行 I/O 口的扩展。显示部分包括 TG12864 和 LED，TG12864 需要 8 位数据线（P0 口）和 6 位控制线（P1.0 ~ P1.5）；LED 指示需要 7 位控制线（P2 口）。按键部分包括“SB1 ~ SB6”6 个按键，需要 6 个 I/O 口（P3.0 ~ P3.5）。小车方向的控制由继电器来完成，继电器的控制线需 2 位（P1.6、P1.7）。报警的蜂鸣器只需 1 位（P3.7）即可。实现全部的功能只需要 30 个 I/O 口，单片机自身能够满足系统要求，因此不需要扩展模块。

3 项目实施

1. 硬件电路的设计

前面已经分析了系统所需模块和 I/O 口的分配，接下来就开始搭建系统的硬件电路。系统模块接线图如图 6-4 所示。

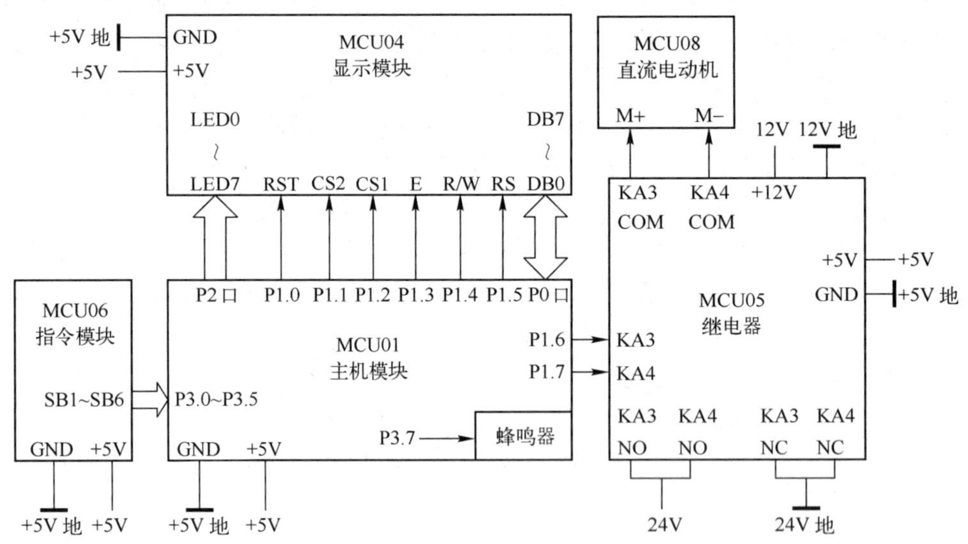

图 6-4 智能往返小车的模块接线图

2. 程序的设计

（1）数据结构

众所周知，程序 = 数据结构 + 算法。要编写一个较复杂的单片机程序，必须将系统中涉及的客观对象用数学方式进行描述，单片机只能处理已经数学化的客观对象。

本项目必须将以下对象描述清楚。

① 系统状态：系统有开机状态、设置状态、运行状态、暂停状态，用全局变量 function 表达，方便各中断服务函数、主函数访问。对应上述状态，function 分别为 0、1、2、3。

② 运行模式：往返小车有自动模式与手动模式，用全局位变量 MS 表达。

③ 电机状态：用全局变量 mm 表达电机 3 种状态，0—暂停、1—前进、2—后退。

④ 电机方向：用全局变量 direction 表达电机运动方向，0—前进、1—后退。

⑤ 电机位置：用全局变量 place 表达，其范围为 0 ~ 5，分别对应 LED0 ~ LED5。

⑥ 3s 计时标志及计时变量：当全局位变量 JS1 置 1 时，启动 3s 计时，全局变量 ii 每 10ms 计数；当 ii 计数到 300 时，3s 计时完成，JS1 清零。

⑦ 电机全程计时标志及计时变量：当全局位变量 JS2 置 1 时，启动 20s 计时，全局变量 time 每 10ms 计数；当 ii 计数到 2000 时，20s 计时完成，JS2 清零。

（2）部分程序流程图

整个系统程序由三部分组成：T0 中断服务函数、T1 中断服务函数、主函数。各部分主要承担如下功能。

① T0 中断服务函数：主要完成定时扫描键盘、设置状态时按键功能、运行状态时暂停按键与暂停中恢复运行等功能。

② T1 中断服务函数：3s 计时、20s 计时。

③ 主函数：硬件初始化、定时器初始化、变量初始化；开机界面、设置界面、运行界面的显示；自动模式下电机运行控制、手动模式下按键处理等。

对于较复杂系统，一般需要将系统功能进行适当分解，由各函数承担一部分任务。具体做法不一，可以灵活处理，基本原则是：不能让一些函数承担太多任务，否则该函数过分复杂；中断函数不能承担太多任务，执行时间不能太长，否则会影响主函数运行。

如图 6-5 ~ 图 6-7 所示为 3 个函数的程序流程图。

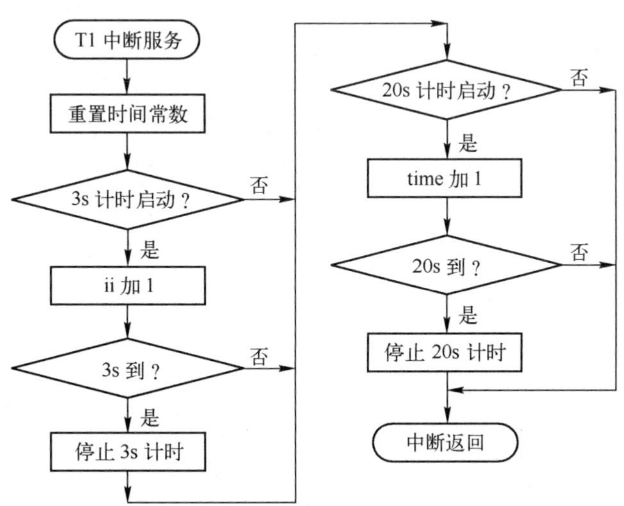

图 6-5　T1 中断服务函数的程序流程图

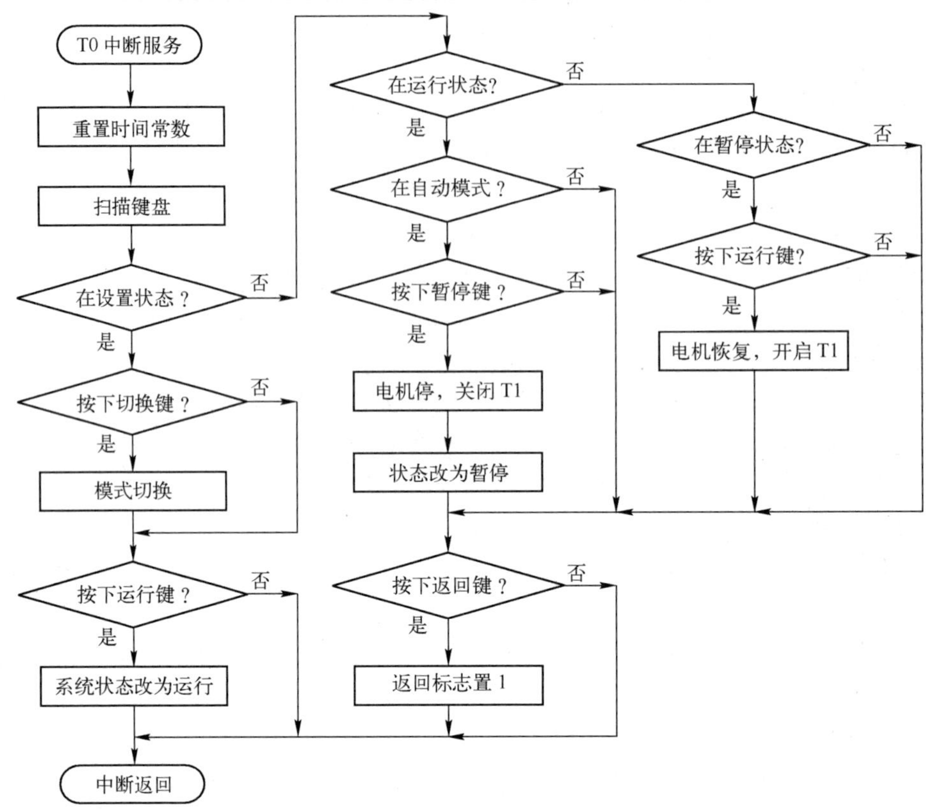

图 6-6　T0 中断服务函数的程序流程图

智能往返小车的程序清单：

① car. c 文件的程序清单

```
#include "tg12864. h"                //包含自编 TG12864 的相关函数头文件
#include "geykey. h"                 //包含自编键盘的相关函数头文件
sbit K1 = P1^6;                      //电机控制
sbit K2 = P1^7;                      //电机控制
sbit FM = P3^7;                      //蜂鸣器
sbit LED0 = P2^0;                    //站台灯 LED0 ~ LED5
sbit LED1 = P2^1;
sbit LED2 = P2^2;
sbit LED3 = P2^3;
sbit LED4 = P2^4;
sbit LED5 = P2^5;
sbit LED7 = P2^7;                    //电源灯
uchar mm;                            //电机运行状态标志
#define Mz K1 =0,K2 =1,mm =1         //电机正转时继电器状态，mm：电机运行状态,1：正转
#define Mf K1 =1,K2 =0,mm =2         //电机反转时继电器状态，mm：电机运行状态,2：反转
#define ting K1 = K2 =1,mm =0        //电机停转时继电器状态，mm：电机运行状态,0：停转
```

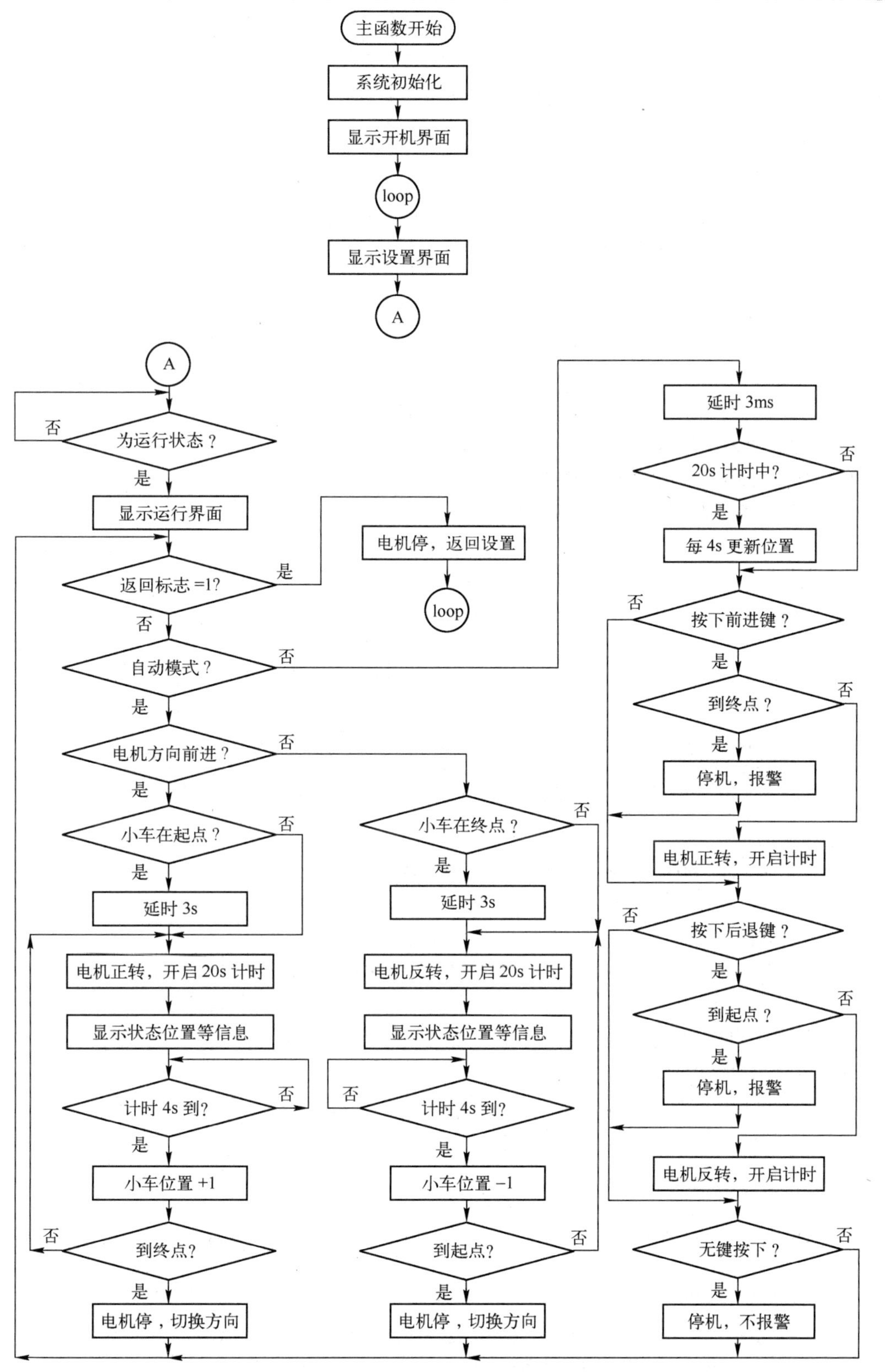

图6-7 主函数的程序流程图

```
uint time;                          //电机运行时间总长度 20s
uint ii;                            //普通计时
extern uchar keynum;
uchar place;                        //目地点站点
uchar stop;
uchar direction;                    //系统运行方向（去，回）
uchar function;                     //系统运行状态
/////////0////:系统初始化状态
/////////1////:系统设置状态
/////////2////:系统运行状态
/////////3////:系统暂停状态
bit MS;                             //模式标志
bit BACK;                           //运行返回标志
bit JS1,JS2;
//JS1：自动时启动和返回时的 3s 计时标志
//JS2：系统电机整个的运行时间标志

//#define DEBUG                     //根据蜂鸣器驱动电平选择
//YL-236 主机模块中蜂鸣器高电平鸣叫，不定义 DEBUG

void didi(uchar x)                  //蜂鸣器函数   x：鸣叫时间
{
    #ifdef DEBUG                    //若低电平时，蜂鸣器叫
    FM=1;                           //先自激蜂鸣器（安全措施，可去掉）
    _nop_();
    FM=0;
    delayms(100*x);                 //叫的时间
    FM=1;
    #else                           //若高电平时，蜂鸣器叫
    FM=0;                           //先自激蜂鸣器（安全措施，可去掉）
    _nop_();
    FM=1;
    delayms(100*x);                 //叫的时间
    FM=0;
    #endif
}

void msDisplay(uchar x)             //模式显示 x：在那页显示
{
    if(MS==0)                       //手动
    {
        writeHan(x,84,0,hanzi_ZM[15]);
    }
```

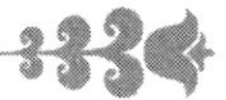

```
    else                                //自动
    {
        writeHan(x,84,0,hanzi_ZM[14]);
    }
}
void djDisplay()                        //电机状态显示
{
    if(mm==0)                           //电机停时显示“暂停”
    {
        writeHan(5,84,0,hanzi_ZM[21]);
        writeHan(5,100,0,hanzi_ZM[22]);
    }
    if(mm==1)                           //电机正转时显示“前进”
    {
        writeHan(5,84,0,hanzi_ZM[17]);
        writeHan(5,100,0,hanzi_ZM[18]);
    }
    if(mm==2)                           //电机反转时显示“后退”
    {
        writeHan(5,84,0,hanzi_ZM[19]);
        writeHan(5,100,0,hanzi_ZM[20]);
    }
}

void weiDisplay()                       //显示运行中小车的位置
{
    if(mm==1)                           //电机正转
    {
        writeAscii(3,84,0,shuzi_ZM[place]);
        writeAscii(3,92,0,shuzi_ZM[12]);
        writeAscii(3,100,0,shuzi_ZM[place+1]);
    }
    if(mm==2)                           //电机反转
    {
        writeAscii(3,84,0,shuzi_ZM[place]);
        writeAscii(3,92,0,shuzi_ZM[12]);
        writeAscii(3,100,0,shuzi_ZM[place-1]);
    }
}

void StartDisplay()                     //到了起始站显示
{
    writeAscii(3,84,0,shuzi_ZM[place]);
```

```
    writeAscii(3,92,0,shuzi_ZM[10]);
    writeAscii(3,100,0,shuzi_ZM[10]);
}

void PauseDisplay()
{
    writeHan(5,84,0,hanzi_ZM[21]); //系统暂停时显示“暂停”
    writeHan(5,100,0,hanzi_ZM[22]);
}

void LedDisplay(uchar x)                //LED 灯显示函数
{                                       //x：让 LED0～LED5 中的一个灯亮
    uchar y,i;
    y=0xfe;                             //y 为 LED 亮的 2 进制码
    for(i=0;i<x;i++)
    y=y<<1|0x01;
    //0xfe：LED0 亮
    //0xfd：LED1 亮
    //0xfb：LED2 亮
    //0xf7：LED3 亮
    //0xef：LED4 亮
    //0xdf：LED5 亮
    P2=y&(P2|0x3f);    //P2=y 输出 LED 码，&（P2|0x3f）不影响 P2.6，P2.7 输出
    //正常输出不影响电机状态
}

void menu1()                            //界面 1“欢迎使用往返小车”，系统初始化界面
{
    write_24x24(0,16,0,hanzi24[0]);
    write_24x24(0,40,0,hanzi24[1]);
    write_24x24(0,64,0,hanzi24[2]);
    write_24x24(0,88,0,hanzi24[3]);

    write_24x24(4,16,0,hanzi24[4]);
    write_24x24(4,40,0,hanzi24[5]);
    write_24x24(4,64,0,hanzi24[6]);
    write_24x24(4,88,0,hanzi24[7]);
}

void menu2()                            //设置界面
{
    writeHan(2,32,0,hanzi_ZM[0]);
    writeHan(2,48,0,hanzi_ZM[1]);
```

```
    writeHan(2,64,0,hanzi_ZM[2]);
    writeHan(2,80,0,hanzi_ZM[3]);

    writeHan(4,12,0,hanzi_ZM[4]);
    writeHan(4,28,0,hanzi_ZM[5]);
    writeHan(4,44,0,hanzi_ZM[6]);
    writeHan(4,60,0,hanzi_ZM[7]);
    writeAscii(4,76,0,shuzi_ZM[11]);
    writeHan(4,100,0,hanzi_ZM[16]);
    msDisplay(4);                    //模式显示
}

void menu3()
{
    writeHan(1,12,0,hanzi_ZM[4]);
    writeHan(1,28,0,hanzi_ZM[5]);
    writeHan(1,44,0,hanzi_ZM[6]);
    writeHan(1,60,0,hanzi_ZM[7]);
    writeAscii(1,76,0,shuzi_ZM[11]);
    writeHan(1,100,0,hanzi_ZM[16]);
    msDisplay(1);                    //模式显示

    writeHan(3,12,0,hanzi_ZM[8]);
    writeHan(3,28,0,hanzi_ZM[9]);
    writeHan(3,44,0,hanzi_ZM[10]);
    writeHan(3,60,0,hanzi_ZM[11]);
    writeAscii(3,76,0,shuzi_ZM[11]);
    writeAscii(3,84,0,shuzi_ZM[place]);
    weiDisplay();

    writeHan(5,12,0,hanzi_ZM[8]);
    writeHan(5,28,0,hanzi_ZM[9]);
    writeHan(5,44,0,hanzi_ZM[12]);
    writeHan(5,60,0,hanzi_ZM[13]);
    writeAscii(5,76,0,shuzi_ZM[11]);
    djDisplay();                     //电机状态显示
}
void time_0(void) interrupt 1        //键盘处理
{
    TL0 = (uint)(-110592/12)%256;    //T0 定时 10ms
    TH1 = (uint)(-110592/12)/256;
    scanKey();                       //扫键盘
    if(function == 1)                //设置状态
```

```
    {
        if(keynum ==0)              //切换键
        {
            MS = ! MS;              //模式切换
            msDisplay(4);           //模式显示
        }
        if(keynum ==4)              //运行键
        {
            function =2;            //进入运行状态
        }
        return;
    }
    if(function ==2)                //运行状态
    {
        if(MS ==1)
        {
            if(keynum ==2)          //暂停
            {
                K1 = K2 =1;         //关电机
                TR1 =0;             //计数暂停
                PauseDisplay();     //暂停显示
                function =3;
            }
        }
        if(keynum ==5)              //返回
        BACK =1;
        return;
    }
    if(function ==3)                //暂停状态
    {
        if(keynum ==4)
        {
            if(mm ==0) ting;
            if(mm ==1) Mz;
            if(mm ==2) Mf;
            TR1 =1;                 //计数恢复
            djDisplay();            //电机状态显示
            function =2;
        }
        if(keynum ==5)              //返回
        BACK =1;
    }
}
```

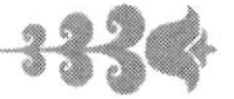

```
void time_1(void) interrupt 3              //运行时间计时
{
    TL1 = (uint)( -110592/12)%256; //T1 定时 10ms
    TH1 = (uint)( -110592/12)/256;
    if(JS1 ==1)//3s 计时
    {
        ii ++ ;
        if(ii > =300)
        {
            ii =0;                         //3s 计时到，标志清 0
            JS1 =0;
        }
    }
    if(JS2 ==1)
    {
        if(direction ==0)                  //从起点站开往终点站
        {
            if(time <2000)
            time ++ ;                      //时间增加
        }
        else                               //从终点站开往起点站
        {
            if(time >0)
            time -- ;                      //时间减少
        }
    }
}

void main()
{
    /* -----开机准备工作------ */
    keynum =0xff;                          //键值无效
    P2 =0xff;                 //所有 LED 熄灭，电机停，可不写，单片机复位所有端口为 1
    mm =0;                                 //电机处于停状态
    LED7 = LED0 =0;                        //对应的 LED 亮，LED7：电源；LED0：在起点站
    direction =0;                          //系统运行方向
    function =0;                           //系统初始化
    initTG12864();
    clrscr();
    TMOD =0x11;                            //T0、T1 工作在模式 1，16 为定时计数方式
    TL0 = (uint)( -110592/12)%256; //T0 定时 10ms
    TH0 = (uint)( -110592/12)/256;
```

```
    TL1 = (uint)( -110592/12)%256; //T1 定时 10ms
    TH1 = (uint)( -110592/12)/256;
    ET0 = TR0 = 1;                  //打开 T0
    ET1 = TR1 = 0;                  //T1 关闭
    PT1 = 1;
    EA = 1;                         //开启中断控制总开关
    /* ------初始化阶段----------- */
    menu1();                        //初始化界面显示
    didi(5);                        //蜂鸣器叫 0.5s


    delayms(922*10);                //延时 10s
    /* --等待设置阶段(中断设置参数)---- */
loop:
    K1 = K2 = 1;                    //电机停止转动
    BACK = 0;                       //返回标志清 0
    JS1 = JS2 = 0;                  //设置时不计时
    /* ---------------------- */
    function = 1;                   //系统设置状态
    clrscr();
    menu2();                        //设置界面显示
    while(function == 1);           //等待运行
    ///function = 2;                //系统运行状态
    clrscr();
    menu3();
    ET1 = TR1 = 1;                  //T1 计数中断开启
    /* -------运行阶段------------ */
    while(1)
    {
        while(MS == 1)
        {
            if(direction == 0)      //从起点站开往终点站
            {
                for(;place < 5;place ++)            //开往终点站
                {
                    LedDisplay(place);              //LED 处理函数

                    if((place == 0)&&(time == 0))   //出发时延时 3s
                    {
                        ting;                       //电机停止转动
                        StartDisplay();             //起始站位置显示
                        djDisplay();                //显示电机状态“暂停”
                        JS1 = 1;ii = 0;             //开启 3s 计时
```

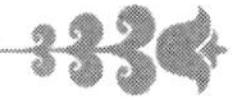

```
            while(JS1)                          //等待计时完成

            if(BACK==1)                         //运行时按下返回键
            goto loop;                          //loop：到设置状态
        }
        JS2=1;                                  //电机运行计数开启
        Mz;                                     //电机正转
        weiDisplay();                           //显示当前位置->目的位置
        djDisplay();                            //显示电机状态“前进”
        while((time%400)!=0)                    //等待计时4s
        if(BACK==1)                             //运行时按下返回键
        goto loop;                              //loop：到设置状态
    }
    direction=1;                                //已到切换方向
    JS2=0;                                      //关闭总运行时间计数
}
else                                            //从终点站开往起点站
{
    for(;place>0;place--)                       //开往起始站
    {
        LedDisplay(place);                      //LED处理函数
            if((place==5)&&(time>=2000))        //回去时延时3s
        {
            ting;                               //电机停止转动
            StartDisplay();                     //起始站位置显示
            djDisplay();                        //显示电机状态“暂停”
            JS1=1;ii=0;                         //开启3s计时
            while(JS1)                          //等待计时完成
            if(BACK==1)                         //运行时按下返回键
            goto loop;                          //loop：到设置状态
        }
        JS2=1;                                  //电机运行计数开启
        Mf;                                     //电机反转
        weiDisplay();                           //显示当前位置->目的位置
        djDisplay();                            //显示电机状态“后退”
        while((time%400)!=0)                    //等待计时4s
        if(BACK==1)                             //运行时按下返回键
        goto loop;                              //loop：到设置状态
    }
    direction=0;                                //已到切换方向
    JS2=0;                                      //关闭总运行时间计数
    time=0;                                     //启动定时时间清0
}
```

```
}
while(MS ==0)
{
    delayms(3);                   //以 3ms 为周期，判断相关变量
    if(JS2 ==1)                   //在计时开启时，判断时间
    {
        if(time%400 ==0)          //如果到了 4s
        {
            place = time/400;     //站点位置变化
            LedDisplay(place);    //站点灯亮
            weiDisplay();         //显示当前位置 -> 目的位置
        }
    }
    //mm =0，表示电机停了
    //mm =1，表示电机在运行（正转）
    //mm =2，表示电机在运行（反转）
    if(keynum ==1)                //前进键
    {
        if(time! =2000)           //如果不在终点站
        {
            if(mm ==0)            //如果前一状态为停（认为是第一次按下）
            {
                Mz;               //电机正转
                JS2 =1;           //开启计时
                direction =0;     //从起点站开往终点站
                djDisplay();      //显示电机状态"前进"
                LedDisplay(place);//站点灯亮
                if(place ==5) StartDisplay();      //如果正在终点站显示
                else weiDisplay();             //显示运行中位置
            }                     //（避免由于按键连按，造成频繁显示）
        }
        else                      //如果在终点站
        {
            if(mm ==1)            //如果前进键还按着（已到终点站此时要停下来）
            {
                ting;             //电机停
                JS2 =0;           //计时停止
                LedDisplay(place);//站点灯亮
                StartDisplay();   //在终点站显示
                djDisplay();      //显示电机状态"暂停"
            }
            FM =1;                //蜂鸣器报警提示
        }
```

```
}
if(keynum ==3)                  //后退键
{
    if(time!  =0)               //如果不在起点站
    {
        if(mm ==0)              //如果前一状态为停（可以认为是第一次按下）
        {
            Mf;                 //电机反转
            JS2 =1;             //开启计时
            direction =1;       //从终点站开往起点站
            djDisplay();        //显示电机状态“后退”
            LedDisplay(place);//站点灯亮
            if(place ==0) StartDisplay();     //如果正在起点站显示
            else weiDisplay(); //显示运行中位置
        }
    }
    else                        //如果在起点站
    {
        if(mm ==2)     //如果后退键还按着（已到终起点站此时要停下来）
        {
            ting;               //电机停
            JS2 =0;             //计时停止
            LedDisplay(place);//站点灯亮
            StartDisplay();     //在终点站显示
            djDisplay();        //显示电机状态“暂停”
        }
        FM =1;                  //蜂鸣器报警提示
    }
}
if(keynum ==0xff)               //无键按下
{
    if((time!  =0)&&(time!  =2000)) //如果不在起点站、不在终点站（运行中）
    {
        if(mm!  =0)             //如果前一状态不为停(认为是第一次按下)
        {
            JS2 =0;             //计时停止
            FM =0;              //蜂鸣器不叫
            ting;               //电机停
            djDisplay();        //显示电机状态“暂停”
        }
    }
    else FM =0;                 //解除在起点站和终点站的报警
}
```

```
            if(BACK==1)                    //如果返回标志有效
            goto loop;                     //goto 到设置界面
        }
    }
}
```

② tg12864.h 文件的程序清单

```
#include <at89x52.h>
#include <intrins.h>
#define uint unsigned int
#define uchar unsigned char
#include "zimo.h"                          //包含自编字模数据的相关头文件
#include "delay.h"                         //包含自编延时函数头文件
#define out0 P0
#define key P3
sbit LCD_RST = P1^0;                       //TG12864 复位端
sbit LCD_CS2 = P1^1;                       //TG12864 右半屏片选
sbit LCD_CS1 = P1^2;                       //TG12864 左半屏片选
sbit LCD_E = P1^3;                         //TG12864 使能端
sbit LCD_WR = P1^4;                        //TG12864 读（1）/写（0）信号选择端
sbit LCD_RS = P1^5;                        //TG12864 数据（1）/指令（0）选择端

void write_24x24(uchar x,y,z,uchar code *p) //显示 1 个 24×24 点阵的汉字
{
    uint t=0;
    uchar i,j;
    for(i=x;i<x+3;i++)
    {
        for(j=y;j<y+24;j++)                //显示一个字符占 24 列
        {
            lcd_xy(i,j);
            if(z==0)
            writeData(p[t++]);
            else
            writeData(~p[t++]);
        }
    }
    LCD_CS1=LCD_CS2=0;
}
//下面为 TG12864 的其他相关函数，请参考任务 2-4-1，这里省略。
```

③ delay.h 文件的延时函数程序清单

请参考任务 2-1-2、任务 4-1-1 相关部分，这里省略。

④ zimo. h 文件的程序清单

```
uchar code hanzi24[][72] =                  //24×24 点阵汉字字模数据
{
/* --    文字: 欢    -- */
/* --    宋体 18; 此字体下对应的点阵为:宽×高 = 24×24    -- */
0x00,0x00,0x20,0x20,0x20,0x20,0x20,0x20,0xE0,0x70,0x00,0x00,0x80,0xF8,0x9C,0x80,
0x80,0x80,0x80,0x80,0x80,0xC0,0x80,0x00,0x00,0x00,0x01,0x02,0x04,0xC8,0x30,0xEE,
0xC3,0x00,0x18,0x04,0x03,0x00,0xE0,0x3E,0x7E,0x80,0x00,0x02,0x01,0x00,0x00,0x00,
0x00,0x10,0x08,0x04,0x03,0x00,0x00,0x00,0x43,0x27,0x20,0x10,0x0C,0x06,0x01,0x00,
0x00,0x03,0x0E,0x18,0x30,0x20,0x20,0x00,

//"迎、使、用、往、返、小、车"的字模省略
};

uchar code shuzi_ZM[][16] =                 //8×16 点阵数字字模数据
{
/* --    文字: 0    -- */
/* --    宋体 12; 此字体下对应的点阵为:宽×高 = 8×16    -- */
0x00,0xE0,0x10,0x08,0x08,0x10,0xE0,0x00,0x00,0x0F,0x10,0x20,0x20,0x10,0x0F,0x00,

//"1、2、3、4、5、6、7、8、9"的字模省略
};

uchar code hanzi_ZM[][32] =                 //16×16 点阵汉字字模数据
{
/* --0    文字: 预    -- */
/* --    宋体 12; 此字体下对应的点阵为:宽×高 = 16×16    -- */
0x20,0x22,0x2A,0xF2,0x2A,0x66,0x20,0x02,0xF2,0x1A,0xD6,0x12,0x12,0xF2,0x02,0x00,
0x00,0x20,0x40,0x3F,0x00,0x00,0x40,0x40,0x27,0x18,0x07,0x08,0x10,0x27,0x60,0x00,

//其他汉字的字模省略
};
```

⑤ geykey. h 文件的程序清单

```
uchar keynum,keystate;                      //键值、键盘状态机
extern bit MS;                              //模式标志
void scanKey()                              //键盘函数
{
    uchar keypress;                         //临时键值
    keynum = 0xff;                          //键值无效
    key = key|0x7f;                         //P3.7 接了一个蜂鸣器, 不能对 P3 整体操作
    _nop_();
```

```
keypress = key|0x80;          //读出临时键值，|0x80 是将 P3.7 置 1（此时 P3 没有输出）

if(keypress! =0xff)                    //是否有键按下
{
    switch(keystate)                   //状态 switch
    {
        case 0: keystate = 1; break;   //若为空闲状态则状态为一(去抖)
        case 1:                        //真的有键按下
        {
            keystate = 2;              //转入无效状态
            switch(keypress)           //译键值
            {
                case 0xfe:keynum = 0;break;   //切换
                case 0xfd:keynum = 1;break;   //前进
                case 0xfb:keynum = 2;break;   //暂停
                case 0xf7:keynum = 3;break;   //后退
                case 0xef:keynum = 4;break;   //运行
                case 0xdf:keynum = 5;break;   //返回
                default:                      //若为干扰
                {
                    keynum = 0xff;
                    keystate = 0;
                }
            }
        } break;

        case 2:
                {
                    if(MS ==0)                //在手动模式下
                    {
                        if(keypress ==0xfd)   //连发键值（前进）
                        keynum = 1;
                        if(keypress ==0xf7)   //连发键值（后退）
                        keynum = 3;
                    }
                } break;
    }
}
else keystate =0;                             //若无键按下，状态复位
}
```

本单元技能重点考核内容小结：

综合运用单片机知识，设计 C51 程序，完成较复杂项目。

习题与实训

在“智能往返小车”原功能基础上增加一个功能：钮子开关 SA7 打到上面，小车运行速度为高速（24V 驱动）；钮子开关 SA7 打到下面，小车运行速度为低速（12V 驱动）。请修改系统硬件设计，并在程序上增加该功能。

附录　YL－236 型单片机控制功能实训考核装置的电路原理图

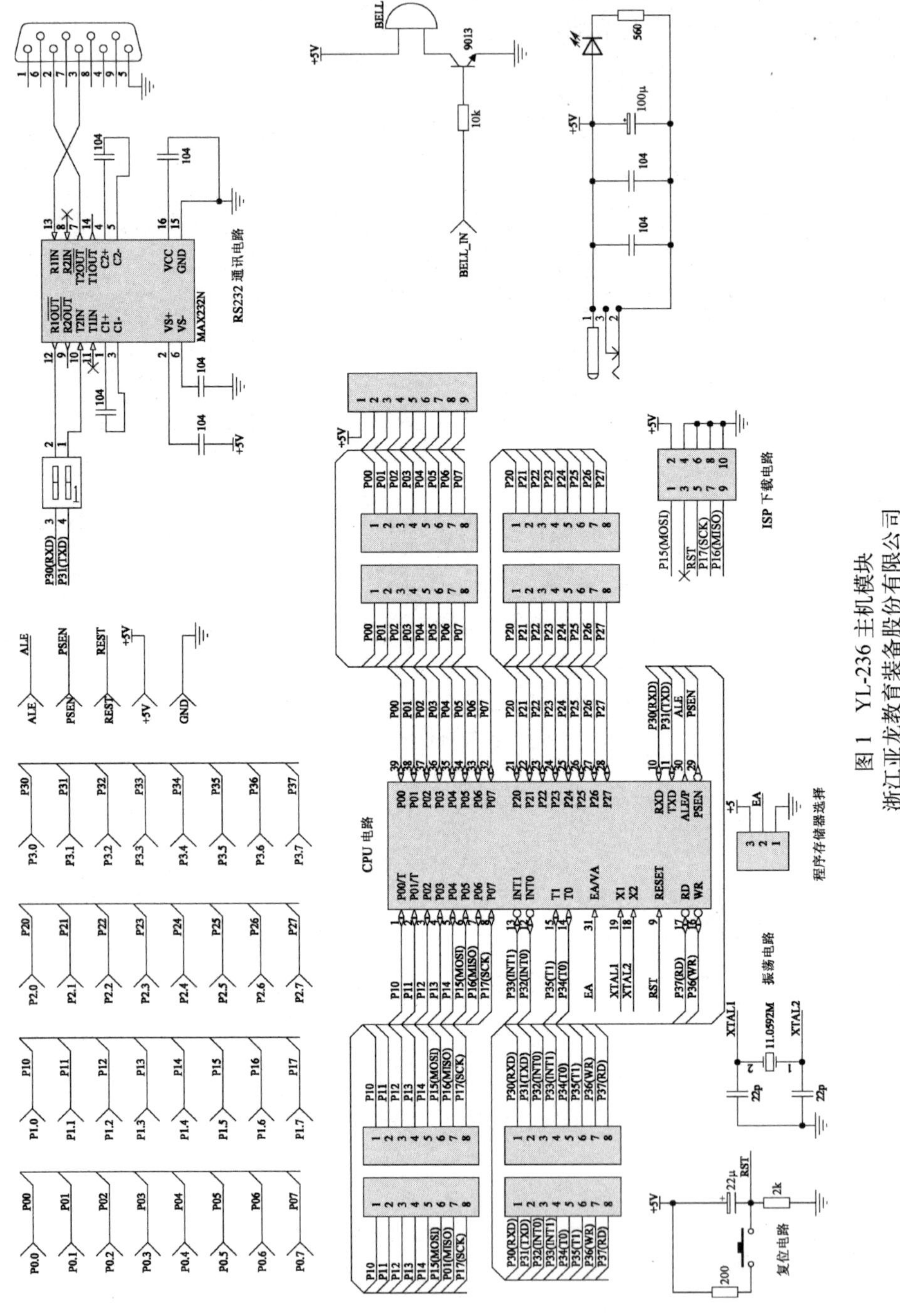

图 1　YL-236 主机模块
浙江亚龙教育装备股份有限公司

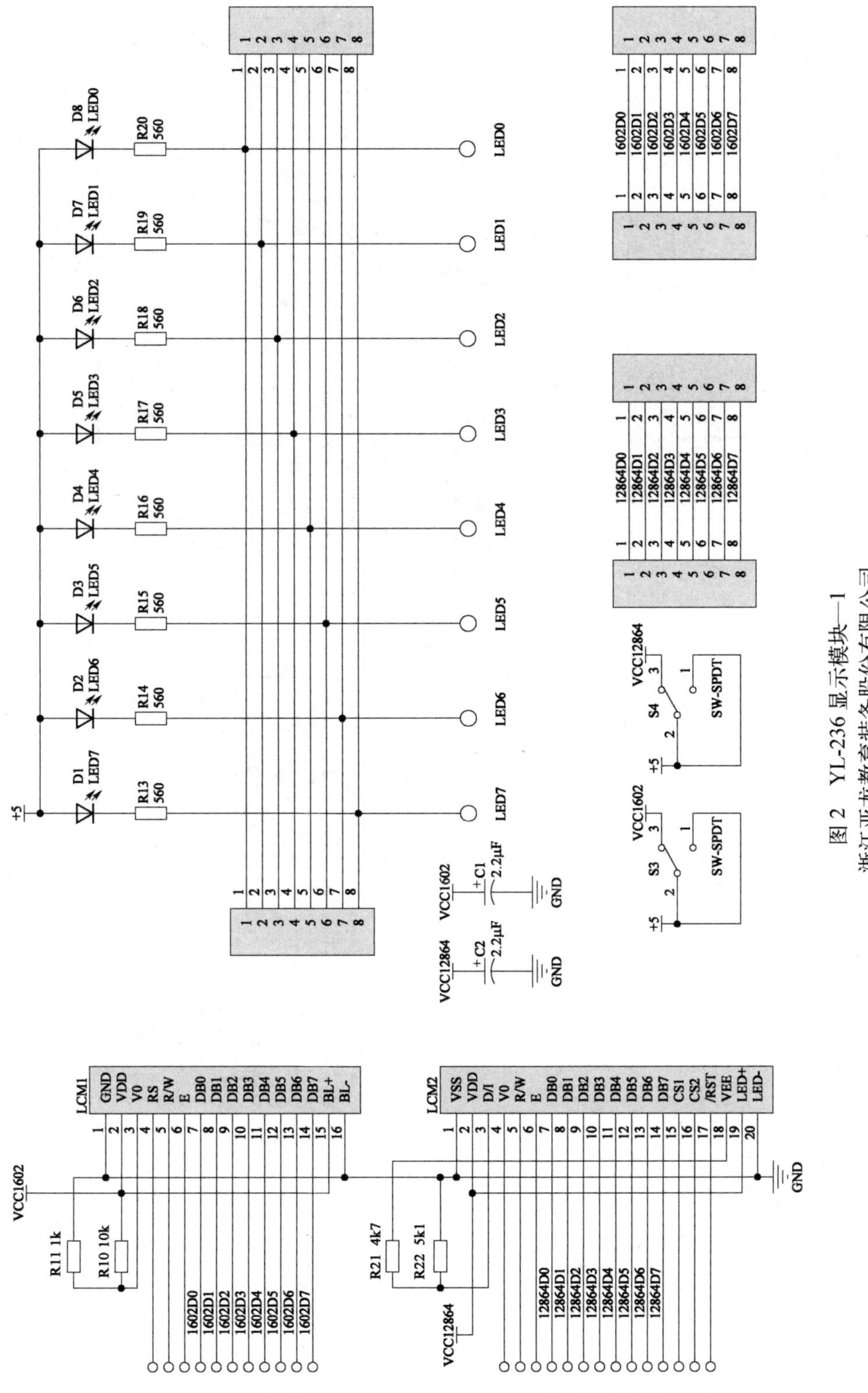

图2 YL-236显示模块—1
浙江亚龙教育装备股份有限公司

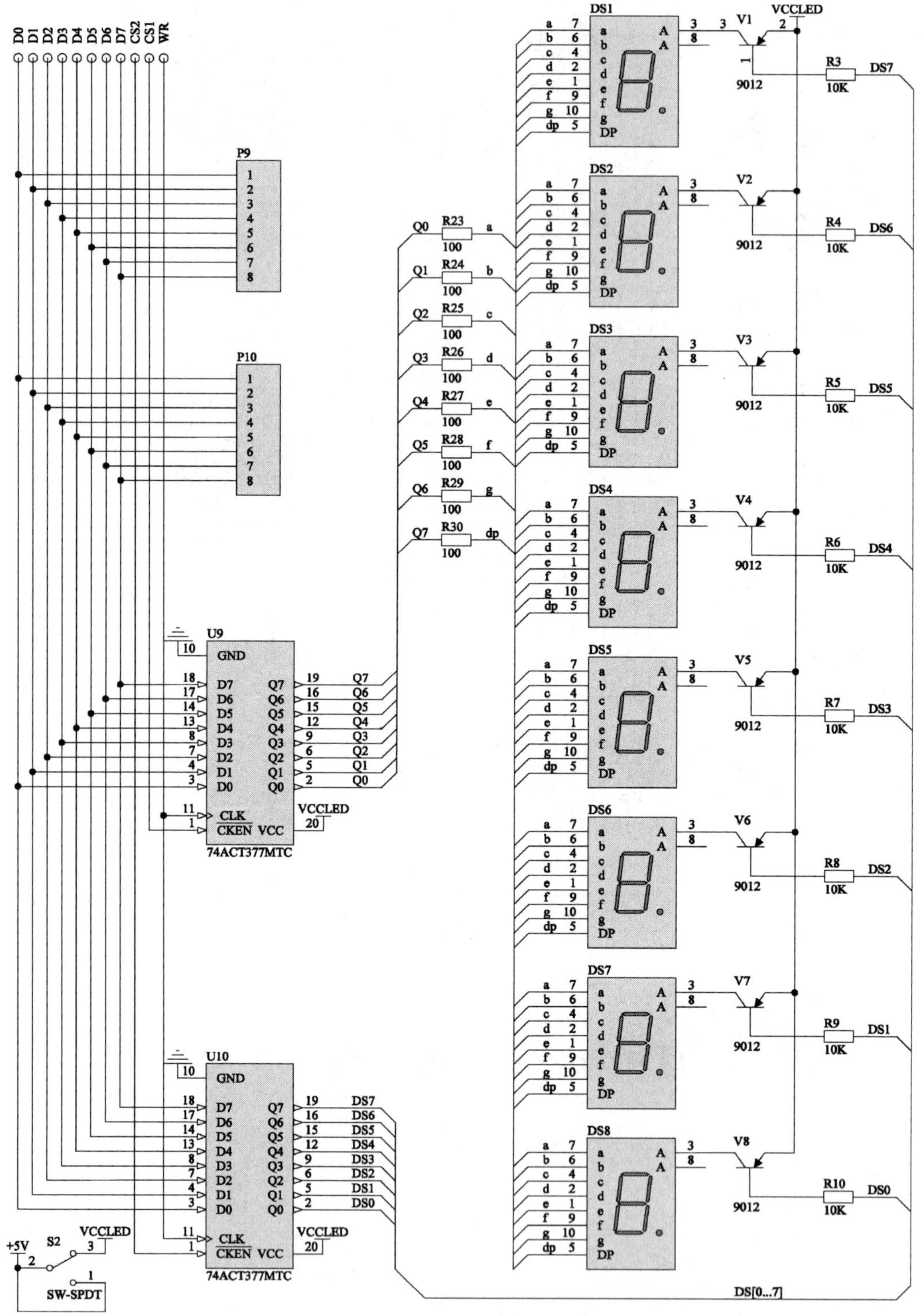

图3　YL－236显示模块—2
浙江亚龙教育装备股份有限公司

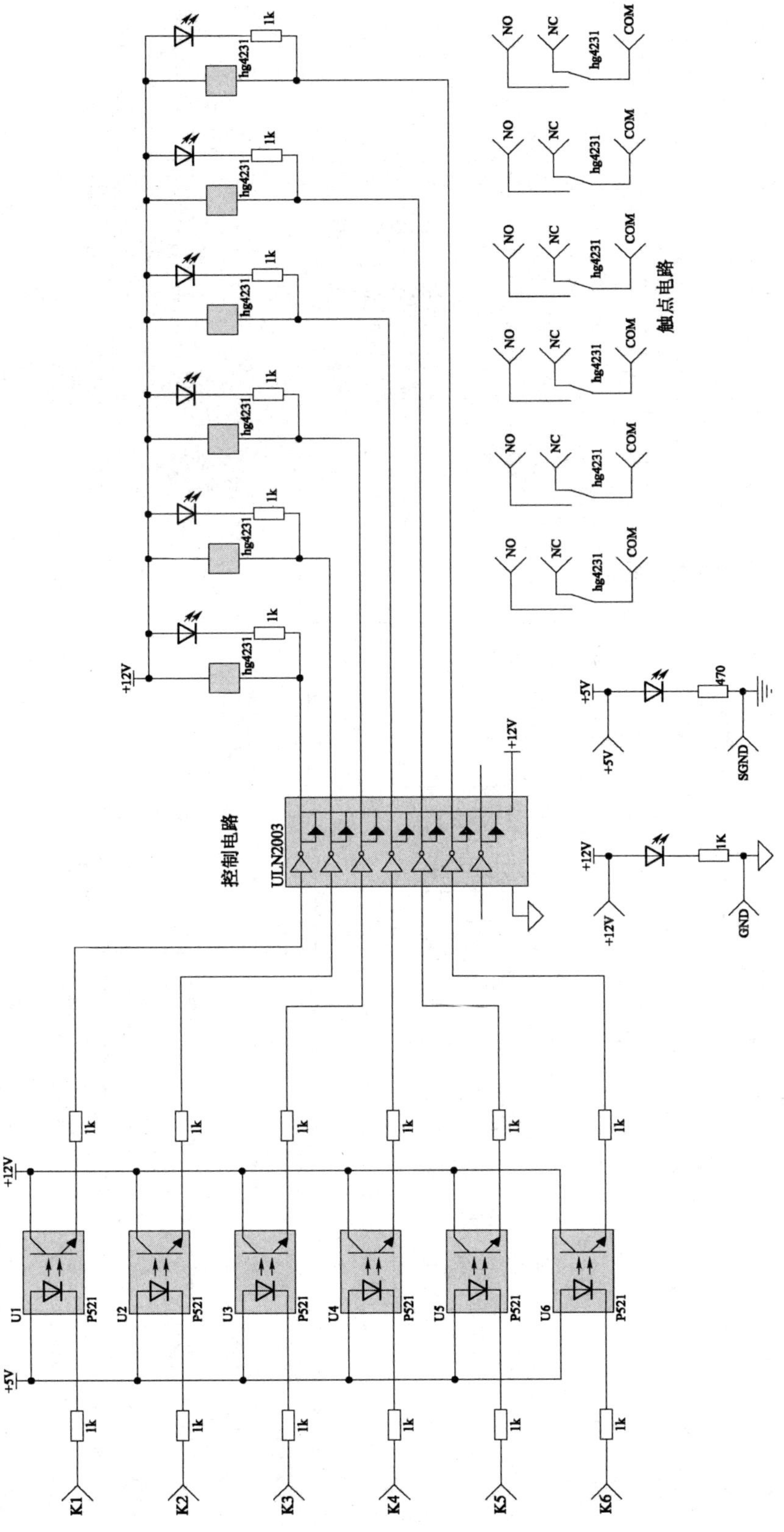

图4 YL-236继电器模块
浙江亚龙教育装备股份有限公司

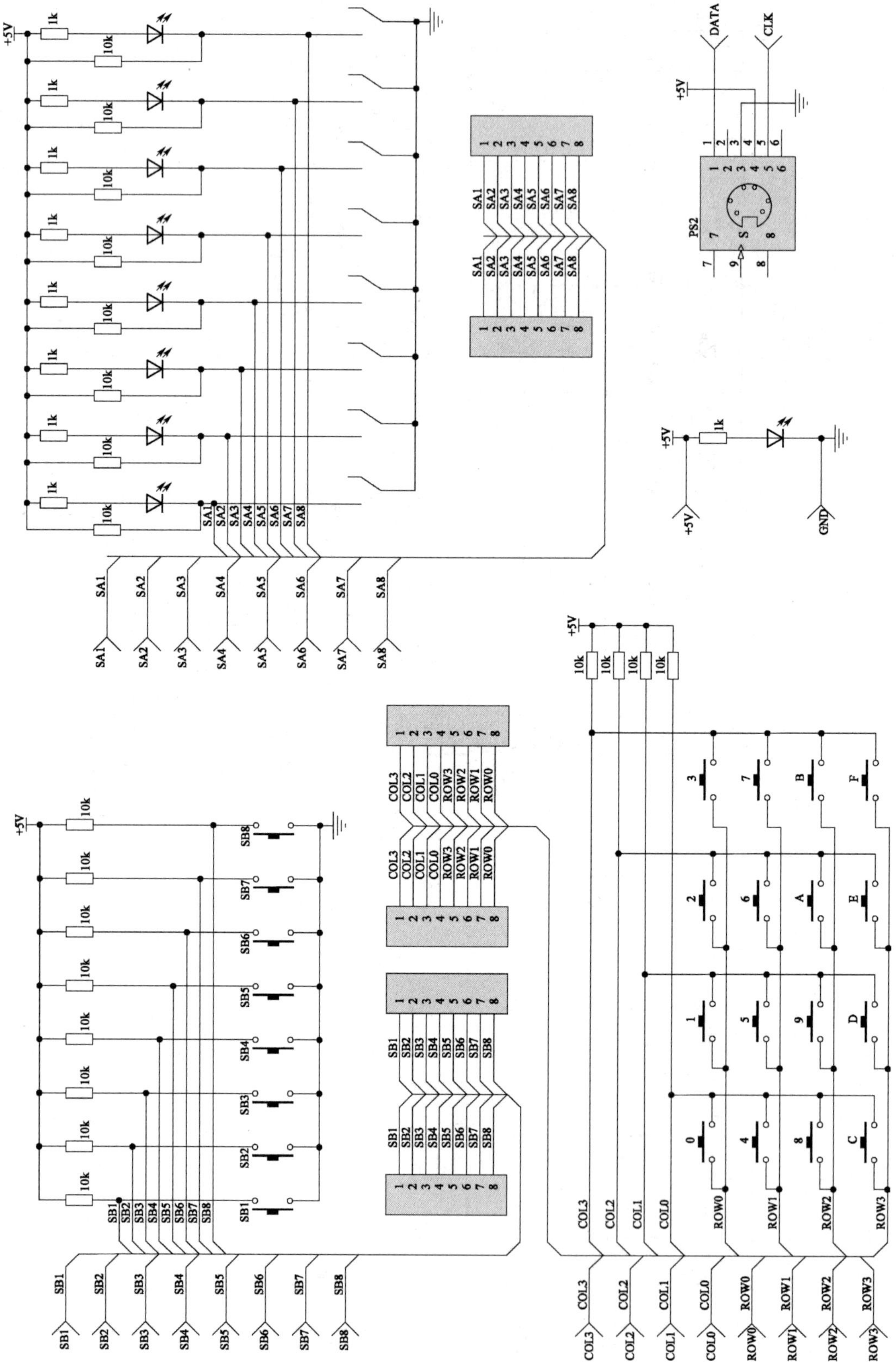

图 5　YL-236 指令模块
浙江亚龙教育装备股份有限公司

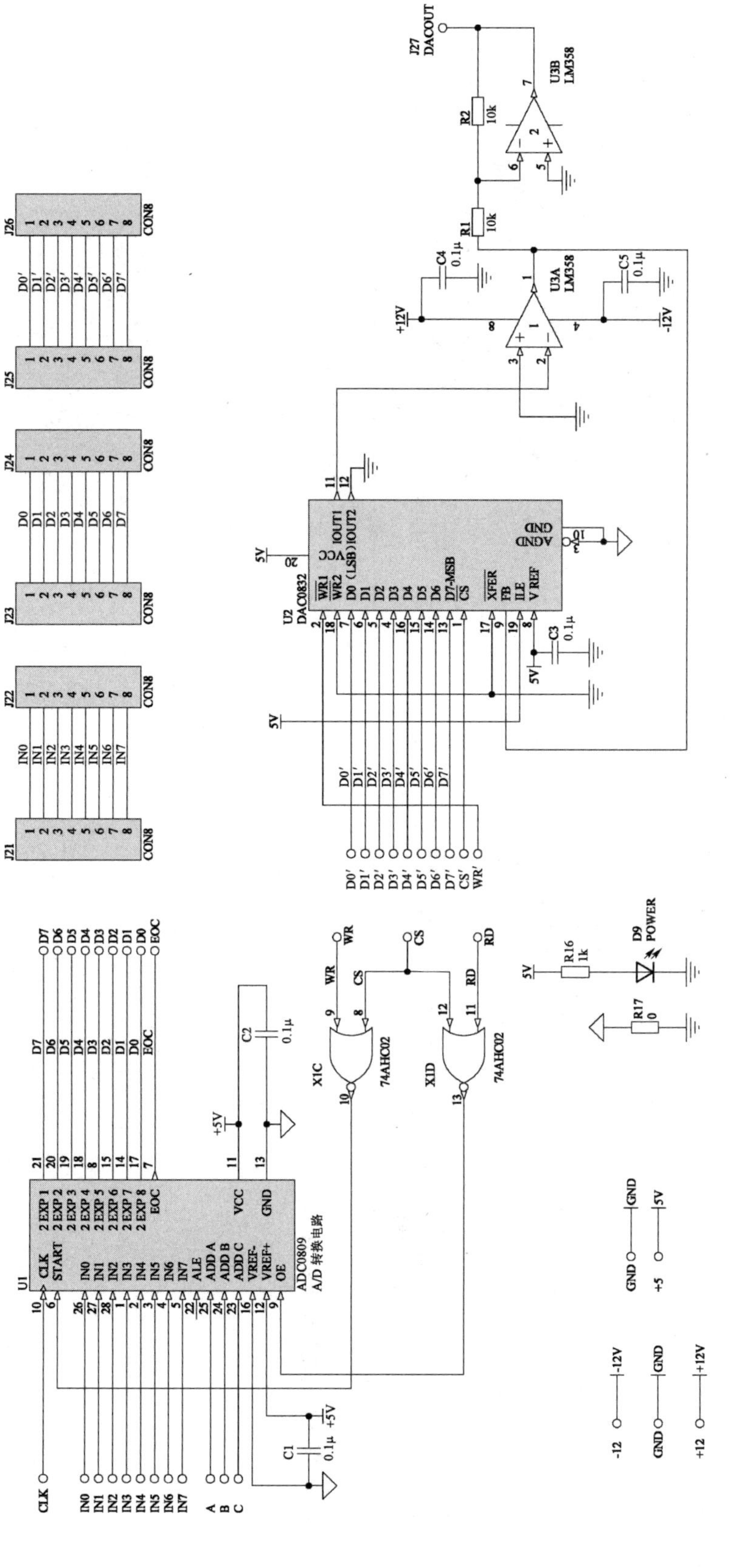

图6　YL-236 ADC/DAC 模块
浙江亚龙教育装备股份有限公司

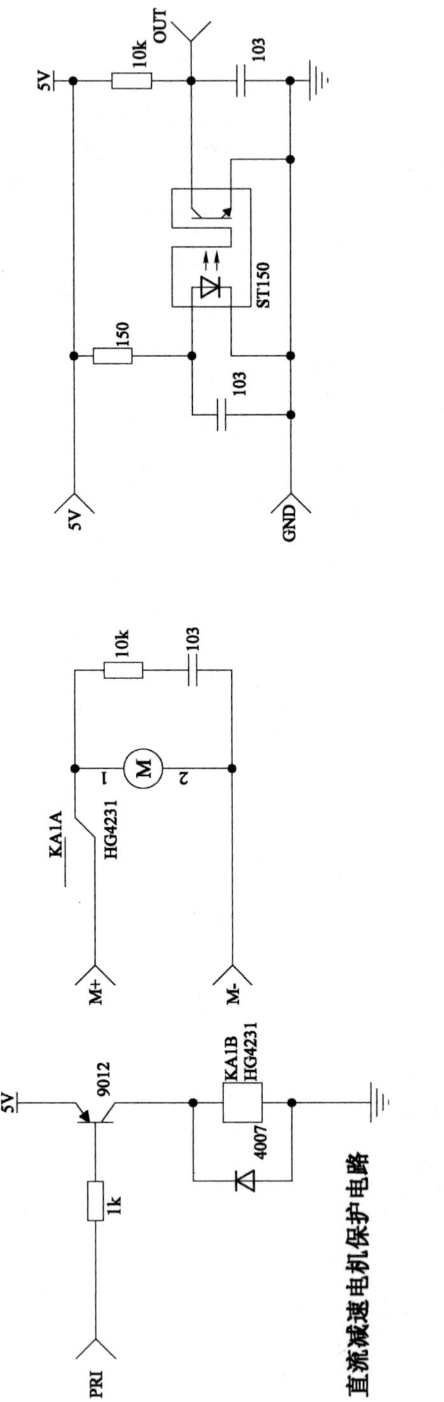

图 7　YL-236 直流电机控制模块
浙江亚龙教育装备股份有限公司

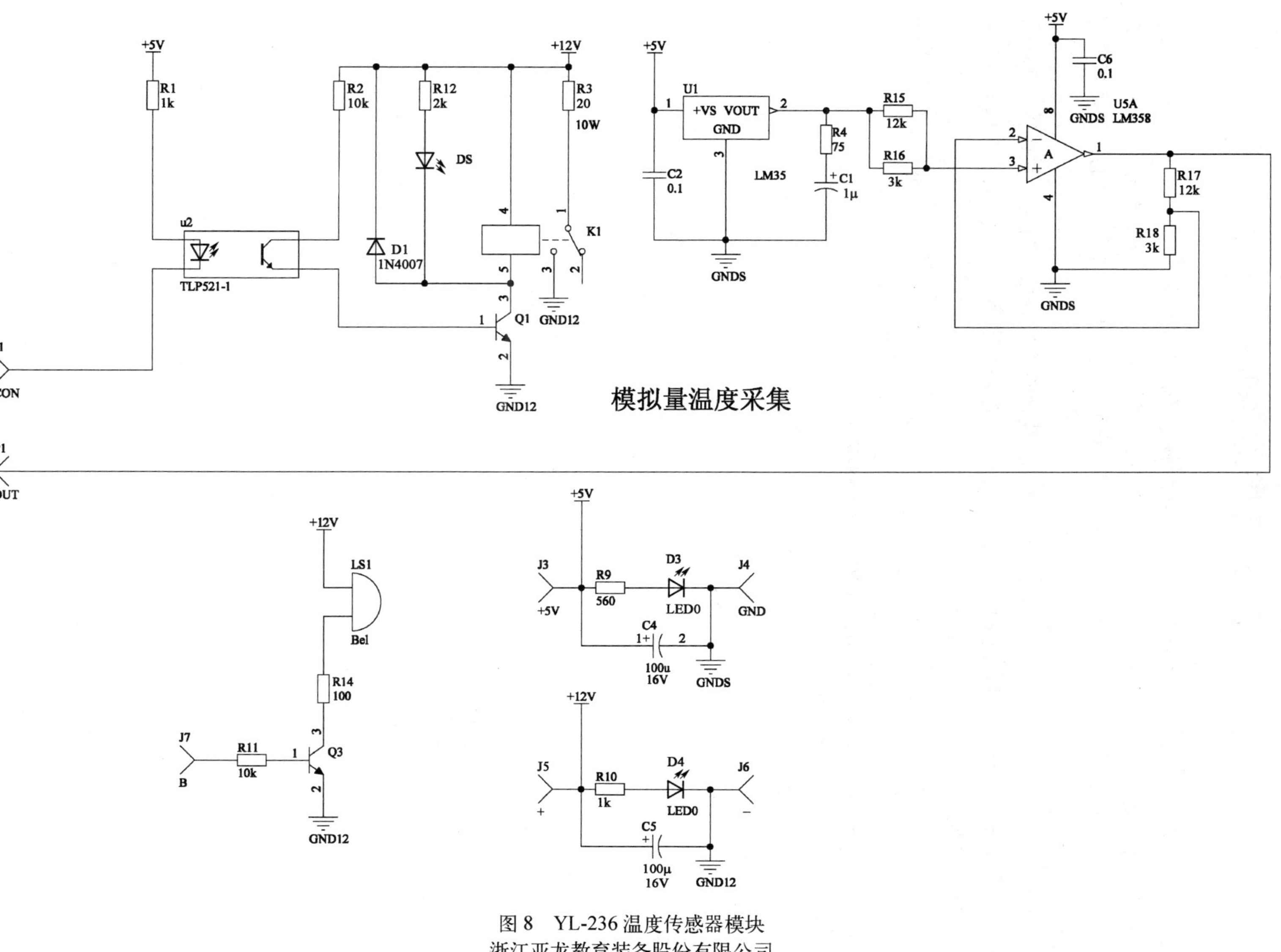

图 8　YL-236 温度传感器模块
浙江亚龙教育装备股份有限公司

反侵权盗版声明

电子工业出版社依法对本作品享有专有出版权。任何未经权利人书面许可，复制、销售或通过信息网络传播本作品的行为；歪曲、篡改、剽窃本作品的行为，均违反《中华人民共和国著作权法》，其行为人应承担相应的民事责任和行政责任，构成犯罪的，将被依法追究刑事责任。

为了维护市场秩序，保护权利人的合法权益，我社将依法查处和打击侵权盗版的单位和个人。欢迎社会各界人士积极举报侵权盗版行为，本社将奖励举报有功人员，并保证举报人的信息不被泄露。

举报电话：(010) 88254396；(010) 88258888
传　　真：(010) 88254397
E - mail：dbqq@phei.com.cn
通信地址：北京市海淀区万寿路 173 信箱
　　　　　电子工业出版社总编办公室
邮　　编：100036